Mr.Know-All

从这里，发现更宽广的世界……

BOOKS

青少年科学与艺术素养丛书

植物大观

小书虫读经典工作室 编著

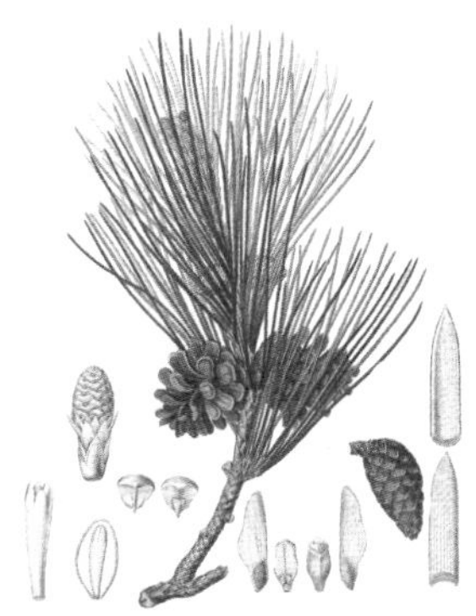

天地出版社 | TIANDI PRESS

山东人民出版社 · 济南

国家一级出版社 全国百佳图书出版单位

图书在版编目（CIP）数据

植物大观 / 小书虫读经典工作室编著. — 成都：天地出版社；济南：山东人民出版社，2022.6
（青少年科学与艺术素养丛书；6）
ISBN 978-7-5455-7078-6

Ⅰ.①植… Ⅱ.①小… Ⅲ.①植物—青少年读物 Ⅳ.①Q94-49

中国版本图书馆CIP数据核字（2022）第072445号

ZHIWU DAGUAN
植物大观

出品人　杨　政
编　著　小书虫读经典工作室
责任编辑　李红珍　李菁菁
装帧设计　高高国际
责任印制　董建臣

出版发行　天地出版社
（成都市锦江区三色路238号　邮政编码：610023）
（北京市方庄芳群园3区3号　邮政编码：100078）
山东人民出版社
（山东省济南市市中区舜耕路517号11-14层　邮政编码：250003）
网　址　http://www.tiandiph.com
电子邮箱　tianditg@163.com
经　销　新华文轩出版传媒股份有限公司

印　刷　北京盛通印刷股份有限公司
版　次　2022年6月第1版
印　次　2022年6月第1次印刷
开　本　700mm×1000mm 1/16
印　张　300（全20册）
字　数　4800千字（全20册）
定　价　998.00元（全20册）
书　号　ISBN 978-7-5455-7078-6

咨询电话：（028）86361282（总编室）
购书热线：（010）67693207（营销中心）

总 序

聂震宁

一段时期以来，推广阅读特别是推广校园阅读时，推荐种类大都以文学或文史类居多，即使少量会有一点与科学相关，也还大都是科幻文学和科普文学作品，纯粹的科学与艺术知识类图书终归很少。这不能不说是一个很大的缺憾。

重视文史特别是文学阅读，当然无可厚非——岂止是无可厚非，应当说是天经地义！“以史为鉴，可以知兴替”，读文史书的意义古人早已经说得很深刻，而读文学的意义更是难以说尽。文学是人学，是对人的灵魂和精神的洗礼，是对人的心性、品格和气质的滋养。中国近代思想家、《少年中国说》的作者梁启超先生曾经指出：“欲新一国之民，不可不先新一国之小说。故欲新道德，必新小说；欲新宗教，必新小说；欲新政治，必新小说；欲新风俗，必新小说。” 中国现代文学奠基人、著名文学家鲁迅先生年轻时认识到文学可以改善人们的思想觉悟，唤醒沉睡麻木的人们，激发公民的爱国热情，因而弃医从文，写出大量唤醒民众、震撼人心的文学作品，成为五四以来新文化运动的先驱和主将。

一个人如果在少年儿童时期阅读到许多优秀的文学作品，必将受益终生。优秀的文学作品能帮助我们树立壮丽而远大的理想，激发我们追求真理、勇攀高峰的勇气，引导我们对人生、社会、历史以及文学艺术形成深刻的理解和体悟。文学阅读不能没有，然而，科学知识的阅读同样也不能没有。科学是关于发现、发明、创造、实践的学问。科学能帮助我们了解物质世界的现象，寻求宇宙和自然的法则，研究自然世界的规律……通过科学的方法，人类逐渐掌握了物理、化学、地质学、生物学、自然以及人文科学等各个方面的知识和规律。人类的进步离不开科技的力量。科技不仅仅承载着人类未来和探索宇宙等重大使命，也与我们的日常生活息息相关。了解必备的科技知识，掌握基本的科学方法，形成科学思维，崇尚科学精神，并掌握一定的应用能力，对于少年儿童的成长具有特别重要的作用。

然而，长期以来，我国公民的科学素质都处于较低水平。相信很多朋友都还记得，2011 年日本发生 9.0 级强地震引发核泄漏事故，竟然在我国公众中引起了一场抢购食盐的风波。更早些时候，广东和海南等地"吃了得香蕉黄叶病的香蕉会得癌症"的谣传满天飞，致使香蕉价格狂跌不已，蕉农和水果商家损失惨重。虽然事情原因比较复杂，但公民科学素质不高显然是一个重要因素。社会上时不时就会出现的因为公民科学素质不高而轻信谣言传闻的事实，也一再提醒我们，必须下大力气提高公民科学素质。

关于我国公民科学素质相对处于较低水平的说法是有依据的。公民科学素质包含具备基本科学知识、具备运用科学方法的能力、具有科学思维科学思想，同时能够运用科学技术处理社会事务、参与公共事务。按照国际普遍采用的测量标准，经过科学的调查和测量，我国公民具备科学素质的比例一直比较低，在 2005 年只有 1.60%，2010 年也只有 3.27%，2015 年提高到 6.2%，但也只相当于发达国家 20 世纪 80 年代末的水平。经过近年来各级政府大力开展科学普及工作，2018 年我国公民具备科学素质的比例达到了 8.47%，与主要发达国家在这方面的差距进一步缩短。科学素质是决定人的思维方式和行为方式的重要因素，是人们过上更加美好生活的前提，更是实施创新驱动发展战略的基础。在科技日新月异、迅猛发展的今天，科技深刻地影响着经济社会人们生活的方方面面，公民科学素质已经成为国家综合实力的重要组成部分，成为先进生产力的核心要素之一，成为影响社会稳定和国计民生的直接因素。提高我国公民的科学素质，应当成为当前的一项紧迫任务。

“青少年科学与艺术素养丛书”就是为着提高我国的公民科学素质特别是少年儿童的科学素质而编著出版的。丛书由小书虫读经典工作室编著，整套图书共20册，其中涉及科学知识的有10册。

丛书的编著者清晰认识到，这是一套面向中国少年儿童读者的科学普及读物，应当在以下几个方面明确编著的思路和精心的设计。

第一，编著者主张着眼中国、放眼世界。编著的内容既要适合中国的少年儿童阅读，又要具有世界眼光，选题严格把控，既认真参考发达国家同年龄阶段科学教育的课程内容，又从中国青少年的阅读认知实际出发。

第二，编著者要求主题集中。每本书系统介绍相关主题，让读者集中掌握相关知识，在一定程度上达到专业知识完备的要求。

第三，鉴于青少年学习的兴趣需要培养和引导，编著者在坚持科学知识准确的前提下，努力让素材生活化、趣味化。科学与艺术并不是摆放在神坛上供人膜拜的圣物，而是需要通过一个个生动问题的解决来体现的。编著者希望这套图书既能够丰富少年儿童的课外阅读，让他们在快乐阅读中获取知识，又能帮助老师和父母辅导他们的课堂学习，激发他们发奋学习、勇攀高峰的兴趣和勇气。

第四，编著者力争做到科学知识与人文关怀并重。无论是书中问题的设计还是语言的表达，都要注意到体现正确的价值观、健康的道德情操和良好的审美趣味，要有利于培养少年儿童的大能力、大视野、大素质。

此外，这套图书在装帧设计和印制上下了很大功夫。装帧设计努力做到科学与艺术的有机结合，插图追求精美有趣。由于采用了高品质的纸张和全彩印刷，整套图书本本高品质，令人赏心悦目，足以让少年儿童读者在学习科学知识的同时也能得到美的享受。

在我国全民阅读特别是校园阅读蓬勃开展的今天，“青少年科学与艺术素养丛书“的出版无疑是一件值得肯定的好事。在阅读活动中，推广文史类特别是文学图书的阅读，将有利于提高公民特别是少年儿童的人文素质，而推广科技知识类图书的阅读，则将有利于提高公民特别是少年儿童的科学素质。国家要富强，民族要振兴，公民这两大素质是不可缺少的。

（聂震宁，编审，博士研究生导师，第十、十一、十二届全国政协委员，中国作家协会会员，中国出版集团公司原总裁，现任韬奋基金会理事长、中国出版协会副理事长）

推荐序

何　彦

20 世纪的七八十年代，我在读小学和中学。那个时候信息与资料还比较匮乏，知识普及类图书不多，但这没有影响孩子们对自然科学和人文科学的好奇与热情。我和我的小伙伴们读着《十万个为什么》、《上下五千年》、叶永烈的科幻小说、大科学家们的故事……我们景仰着牛顿、爱迪生、居里夫人、华罗庚、陈景润……憧憬着国家实现现代化的美好蓝图，我们被知识激励，被科学家、历史学家引领，在不断学习中终于成为博学、有底蕴、眼界宽广的人。

几十年过去，出版、互联网和人工智能的发展进步使得知识的普及与传播实现了量的积累与质的飞跃。现在的孩子们是幸运的，他们面对着更为多元的知识和拥有着更为优质的学习渠道。但是，个人的时间是有限的，知识传播也呈现出碎片化的倾向，如何让这个时代的青少年全面、有效地对自然科学和人文科学有一个整体的认识，已经成了今天科普出版的重大难题。

因此，我很高兴能够看到这套图书的付梓。它选材丰富全面，但不是机械地堆砌知识，而是引导青少年读者在欣赏一个个美妙的知识细节的过程中，逐渐形成对事物整体的把握。孩子们会看到整个世界就像一个活泼的生命，它多姿多彩，千变万化，有着无尽的可能，让他们由衷地好奇、赞叹，希望亲自去探索。

人类既生活在宇宙空间里，也生活在历史中。我们来自空间和历史，也改变着空间和历史。在这套丛书里，孩子们通过对历史的了解，对科技发展的认识，不仅可以看到人类一路走来的艰辛，也可以看到人类的伟大意志和力量，并思索人类应该肩负的责任。这套丛书在传播知识的同时，也带给孩子们价值观和梦想的启迪。

培根说："知识就是力量。"好的书籍就像接力棒，把人类知识的力量一代一代地传递下去！

（何彦，清华大学化学系教授、博士生导师）

CONTENTS

目 录

第一章 地球之肺：热带雨林

第二章 “植物凶杀案”

第三章 世界各地的花朵

第四章 国花里的文化

第五章 植物园里的草儿们

第六章 离不开的树与木

第七章 奇树博览

第八章 熟悉又陌生的水果世界

第九章
庞大的蔬菜家族

第一章

地球之肺：热带雨林

你能想象出一个这样的森林吗？上方是藤萝缠绕、花繁叶茂、蝴蝶纷飞，似一个梦幻的童话世界；而下方却是虫蛇怪兽频繁出没，阴暗潮湿、一眼望不见天。没错，热带雨林就是这样的地方！

热带雨林对我们人类而言，就是一个神奇的“百宝袋”，价值非凡！热带雨林具有强大的生态功能，能吸收二氧化碳制造氧气、调节气候，为我们人类改善了生存环境；热带雨林也是巨大的生物宝库，带给我们人类丰富的食物和材料！

热带雨林是什么

在世界植被分布图上，环绕着赤道的一条暗绿色的植物带就是热带雨林。赤道地区常年高温，降雨充沛并且分配均匀，这是赤道地区能形成热带雨林的主要原因。热带雨林中容纳着成千上万的动植物品种，这是地球上其他地方都难以企及的。就像人类及其身边的诸多要素组成的社会一样，雨林里的动植物之间联系密切、相互依存，共同构成了一个生机勃勃的生物圈。

可能一提到热带雨林，你就会想到铺天盖地、漫无边际的绿色。以前科学技术还没有这样先进，能够进入原始热带雨林的人不多，所以人们对热带雨林的认识还不完整。很多人认为热带雨林和一般的森林没有太大的区别。

▼ 热带雨林中的树蛙

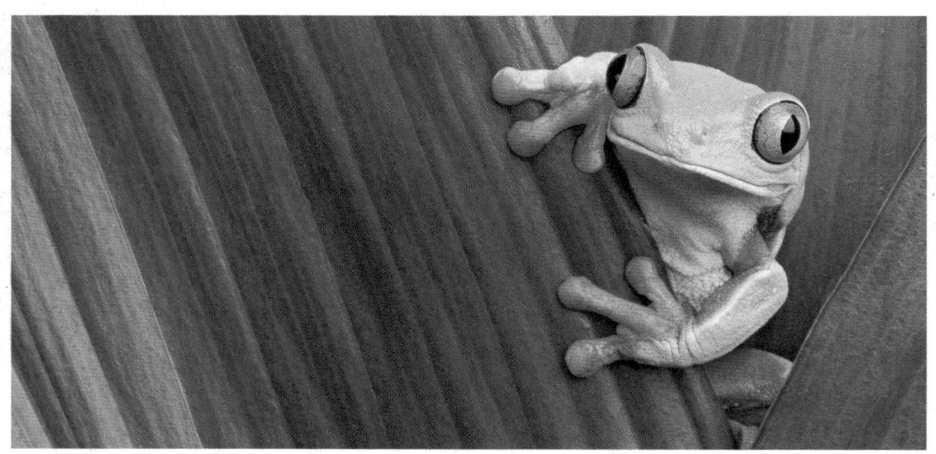

其实并不是这样的，真正的热带雨林并不是单一的绿色王国，而是一个五彩缤纷的世界。当然热带雨林以绿色的植物居多，但除了这些还有各种颜色的动植物，比如雨林上空悬挂的藤萝上那由小型植物组成的色彩斑斓的“花园”，隐藏在草丛、树木间的形形色色的奇异昆虫等。

小贴士

热带雨林主要分为三种主要类型，分别是低地热带雨林、山地热带雨林和半长青热带雨林。后两类比较特殊。山地热带雨林主要分布在海拔为 1800 ~ 3500 米的热带山地，白天温度很高，而夜晚温度会骤降到 0 摄氏度。半长青热带雨林主要分布在赤道两侧，每年会有短暂的旱季，树木的叶子也会发黄。所以，热带雨林并不是一直都很热、一直都很绿的哟！

热带雨林为什么有“地球之肺”的美誉

肺是我们身体中最主要的呼吸器官。我们通过肺的呼吸运动排出身体中的浊气，吸入所需要的氧气。

就像人体的肺一样，热带雨林是大自然重要的“呼吸器官”，它主要负责自然界中的气体交换，而且它能在最大程度上起到清洁地球的作用。热带雨林通过绿色植物的光合作用，吸收大量的二氧化碳、硫氧化合物等有害气体，释放出人类生存所需要的氧气。地球上超过 40% 的氧气由热带雨林产生，人类能够不断地获得新鲜空气，热带雨林功不可没。所以，热带雨林对于维系大气中二氧化碳和氧气的平衡、净化环境有重要作用。

除此之外，绿色植物通过光合作用，还能将太阳能转化形成各种有机物。据统计，森林每年提供 28.3 亿吨有机物，约占陆地植物生产有机物总量的 53.4%。这些有机物不仅是雨林维持自身生存的动力，还为我们人类提供食物。基于热带雨林的这些作用，人们形象地称热带雨林是“地球之肺”。这个比喻是不是既贴切又生动形象？

▼ 地球之肺——热带雨林

为什么热带雨林是净化空气的大功臣

空气净化器能帮助清洁家里的空气，有利于家人的身体健康。而地球上的森林包括热带雨林对于整个地球大家庭来说，就是一个巨大的空气净化器，它能吸收过滤空气中的有害气体、粉尘等不利于人类身体健康的物质，把空气变得干净清新，供人类呼吸。

污染空气的最大元凶就是二氧化硫，它是分布广、危害大的有害气体。我们平常在家里用的天然气、马路上的公交车和小汽车等都能产生二氧化硫和其他的有害气体。森林中的树木会通过光合作用，将这些有害气体吸收。而高大树木叶片上的褶皱、茸毛及从气孔中分泌出的黏性油脂、汁浆则对于粉尘有明显阻挡、过滤和吸附作用。

一般的植物都有吸收二氧化硫及其他有害气体的能力，但是吸收速度和消解能力是不同的。植物叶片面积越大，空气越湿润，吸收二氧化硫等有害气体的速度越快，消解能力越强。而热带雨林中植物的叶片是所有森林中最大、最密集的，并且热带雨林终年高温多雨，植物的生理活动旺盛，所以热带雨林是净化空气的大功臣。

小贴士

据测定，森林中空气的二氧化硫含量要比空旷地区少 15% ~ 50%，森林区大气中的粉尘浓度比非森林地区低 10% ~ 25%。

热带雨林是怎样阻挡风沙的

热带雨林还真是“神通广大”，不仅可以制造氧气、清洁空气、消灭细菌，还有防止风沙和减轻洪灾、保持水土的作用。一起来看看它是怎样减少风沙和减轻洪灾、保持水土的吧！

首先我们来看看热带雨林怎样挡风阻沙。大风经过热带雨林时，由于雨林树干、枝叶的阻挡和摩擦消耗，等出了林区风速会明显减弱。浓密树冠能减弱风速，最多可减少 50%。风抵达林前 200 米以外，风速变化不大。风穿行通过树林之后，要经过 500 ~ 1000 米才能再恢复之前的速度。此外，林中的树木还能阻挡来自沙漠地区的风沙。人类便利用森林的这一功能造林治沙。有树林的地方，风沙明显较少。

下大雨时，浓密的树冠对雨水有截流作用，能减轻雨水对地面的冲击力，在一定程度上起到保持水土的作用。据计算，林冠

▲ 马来西亚热带雨林

能阻截 10% ~ 20% 的降水。如果没有林冠的阻截，热带雨林的土壤会被冲刷得更厉害，会更贫瘠。被阻截的大部分雨水蒸发进入大气中，剩下的降落到地面或沿树干流到土壤中渗透为地下水。发大水时，雨林地表枯枝落叶形成的腐质层，像一块吸收雨水的海绵，储存大量雨水，从而减轻洪灾。

森林是怎样消解噪声的

噪声你不陌生吧！尤其是在城市里，你们每天上学经过的人多车多的大街上，人们大声说话的声音，车嘀嘀乱响的声音，统

▲ 新几内亚世外桃源般的热带小岛

统都是噪声。你可别小看了这些噪声，它们的危害可大着呢！噪声不仅损害人们的听力、视力，影响睡眠质量，严重的还会引发心血管疾病。不过，也不用太过担心，因为森林会抑制这些害人的噪声。这是什么原理呢？

声音的大小用分贝表示，声音越大，分贝越高。50 分贝以下的声音对人没什么影响，但大于 70 分贝的声音就会对人有明显危害。我们可以通过改变声音传播的速度和介质，使声音减弱，从而抑制噪声。声波在传播过程中遇到阻碍物时，就会受到影响，森林的作用就是阻碍声波的传播。大量的树木相当于一个屏障，迫使声波不断发生反射、折射，从而损耗声波的能量，同时树叶之间的空隙也可吸收声波。因此，噪声在经过森林之后就会大大减弱。

公园或小片的树林可降低 5 ～ 40 分贝的噪声。一般的树林对噪声就有这么大的消解力，那么繁密的热带雨林对噪声的消解作用岂不是更大！

热带雨林对保护全球生物多样性有什么重要作用

近年来，地球的环境遭到严重破坏，生物多样性面临严重威胁。一个树种的灭绝可能导致 3 ～ 4 种动物的灭绝。因此在科学技术迅速发展的今天，通过基因研究生物的特征和习性，对保护生物的多样性具有重要的意义。而要研究生物多样性，热带雨林这个“世界生物基因宝库”就显得尤为重要。那么热带雨林到底重要在哪儿呢？

▼ 热带雨林里种类繁多的蝴蝶

一个物种就是一个独有的基因库。物种基因是生物经过亿万年的进化形成的。而热带雨林有全球最古老的生物群落，在进化过程中，它是繁衍生物最多，也是受到保护最多的地区，至今还保留了很多古老的生物物种，它们的体内储存着非常珍贵的遗传信息。因此热带雨林被称为“世界生物基因宝库”。

小贴士

你可能会纳闷：基因到底有多重要，有多独特？举个例子吧，人与大猩猩只有 1% 的基因差异。

为什么热带雨林被称为“世界大药房”

如果你们的身体出现不适是不是要靠各种药物医治呀？你们知道吗，人类所用的现代药物中，超过四分之一都是从热带雨林的植物中提炼出来的！由于热带雨林中生物群落演替速度极快，地球上过半数的植物物种在此扎根，热带雨林中的很多植物都有很大的药用价值，因此热带雨林又多出了一个荣誉称号 ——“世界大药房”。

大家都知道红玫瑰、白玫瑰，可要是说起长春花，你们肯定

▲ 治疗白血病的特效药长春花

▲ 提取奎宁的金鸡纳树皮

◀ 金鸡纳的花与叶

就不知道是什么东西了！告诉大家吧，它被应用于治疗白血病，效果很不错。长春花很久以来一直不为人知，直到 1960 年，人们对它进行药效测试后，才明确知道它对白血病有显著疗效。热带雨林还有一种叫作柯本尼拉的植物，截取其一小部分泡水喝可治疗蛇伤。进入热带雨林前，将一种俗称“小乌龟”的草本植物的汁涂在身上，就不怕被蚊虫叮咬了。人们从南美洲的金鸡纳树皮中能提取出一种叫作奎宁的药物，它是治疗疟疾的特效药。箭毒木的毒素曾被印第安人用于浸制毒箭，在现在医疗手术中被用于松弛肌肉。

热带雨林中像这样的植物数不胜数，人类正加紧研究这些植物，以求更好地造福人类！

橡胶树对人类有哪些贡献

驮着汽车满大街跑的轮胎是什么制成的呢？没错，答案就是橡胶。还有我们在生活中经常用到的胶鞋、雨衣、暖水袋等都是以橡胶为主要原料制成的，甚至火箭、人造卫星、宇宙飞船、航天飞机等都用到大量的橡胶零部件。那这些橡胶产自哪里呢？橡胶当然是出在橡胶树上啦！不过，我们这所说的“橡胶”仅指天然橡胶。

天然胶乳是橡胶树对人类最大的贡献，天然橡胶就是由胶乳凝固、干燥而制得的。每到橡胶收获的季节，割胶工人就用胶刀

▲ 橡胶树

在离地面 1 米左右高的树干上，斜着割开一个口子，然后在割口的末尾装上导流的小槽，用胶架将胶碗固定，胶乳就顺着安好的小槽慢慢地从树干上流出。如果割破的地方不流胶了，就换个地方继续割，这样的过程会持续二三十年，直到橡胶树的产胶期结束。

天然橡胶具有弹性很强、绝缘性良好和耐磨等特点，因此被广泛地运用于工业、国防、交通、医药卫生领域和日常生活等方面。除此之外，橡胶树的木材花纹美观，加工性能好，化学处理后可制作高级家具、纤维板、胶合板、纸浆等。橡胶树的果壳还可制作活性炭。

不过，虽然橡胶树身上可用的东西很多，但它的种子和树叶是有毒的！如果不慎误食 2 ～ 6 粒种子即可引起中毒，严重时还会导致昏迷和休克。

热带雨林中有城市吗

你能想象在莽莽的热带雨林深处会坐落着一座美丽而又现代化的大城市吗？没错，热带雨林中真的有现代化的都市。马来西亚的砂拉越州和巴西的马瑙斯城就是典范。

砂拉越州是马来西亚的第一大州，其面积的一多半被雨林所覆盖。茂密的热带雨林中有无数的河道流经其间，无数的动物生活在这里。俯视砂拉越州，它就如同一颗巨大的绿钻，镶嵌在婆罗洲岛。砂拉越州曾经通过大规模的热带雨林采伐来发展经济，不过从 20 世纪 80 年代起，砂拉越州开始经济转型。现在，制造业、高科技产业和服务业在该州经济中扮演着重要的角色。

巴西的马瑙斯城，位于亚马孙河的一条支流内格罗河左岸莽莽的密林深处，是典型的热带雨林气候。马瑙斯市区郁郁葱葱，悬于空中的附生性兰科植物随处可见，马瑙斯城被誉为“热带雨林中的空中花园城市”。马瑙斯城是巴西著名的旅游胜地，在它的周围可以领略到野生热带雨林的风光和亚马孙流域的独特风情。同时它也是一个现代化河港城市，是亚马孙地区的新兴经济中心，城内有大学和国际机场。

▲ 砂拉越州

▼ 马瑙斯城

吃汉堡也会毁坏雨林吗

大家是不是都很喜欢吃汉堡！可是你知道吗，吃汉堡也有可能间接地破坏热带雨林，而且破坏性还不小呢！这是怎么回事呢？

原来，雨林附近的劳动力和土地成本比较廉价，所以牛肉相对便宜。一些商人，特别是一些欧洲国家的商人，为了节省制作汉堡的牛肉成本，专门从热带雨林地区进口牛肉。拉丁美洲曾为了发展畜牧业，放火焚烧雨林使之成为草地，放养牛群于其中。但是这些林地牧场与温带地区牧场不一样，并不能永续经营，开发的放牧地过不了几年就贫瘠得无法长出牧草，人们不得不另外再破坏雨林，开发新的牧场，在这种恶性循环之下，雨林大量消失。

曾经有人大致算过，每吃一个从雨林进口牛肉做成的汉堡，等于牺牲了一个小房间面积的雨林。这个面积的雨林中大约包括了一棵 60 尺高的大树，树下大约有 50 株小树苗、数千只昆虫，其中还可能有许多尚未命名的物种，有些植物也许可以当作治疗各种疾病的药材，还有数十只鸟、爬虫类以及哺乳类动物会来到这个小区域觅食休憩。当然，不计其数的青苔、藻类也会存在于这个区域中。就是这么繁复的一个生命区域，人们的一块块汉堡就会使之灰飞烟灭！以牺牲生态环境为代价，换取短期经济利益的做法不值当也不合理！

▲ 遭受破坏的热带雨林

如果热带雨林消失了，世界将是什么样子

每秒钟都会有约 10000 平方米的热带雨林从地球上消失，这相当于一个半标准足球场那么大！当然，目前我们还不能完全断定热带雨林未来的命运。

热带雨林若真的消失了，不只是对人类，对任何生物都会构成威胁，举几个例子你可以感受一下。

没有了热带雨林的保护，热带地区大面积的地面将暴露在强烈的日照和暴雨之下，到时候大量的土壤将被侵蚀。侵蚀的后果是土壤养分的流失和生产力的下降，这也使得森林难以再生，甚

▲ 消失的热带雨林

至退化成为草原。此外，大片雨林的消失甚至会改变全球的气候，使天气变得极不稳定。旱季时，天气较为干燥、风力加强，导致更多的地区遭受沙尘暴、龙卷风等的威胁。雨季时，因为地面的流水增加，大量的泥沙进入河道，导致泥沙淤积，造成洪水泛滥，扰乱下游的生态环境。

热带雨林的消失，最直接的影响是全球物种大量减少，资源剧减。热带植物是治癌药物的主要“仓库”，人类失去了热带雨林这个“大药房”，失去了“雨林基因库”，这方面的损失将难以弥补。

如果热带雨林消失了，世界会变成什么样子呢？不知道你有何感想呢？

保护雨林资源我们能做什么

看到这个问题，有人就有疑问了：我们离热带雨林那么远，我们能做什么呢？其实，保护雨林，我们能做的事情可多啦！

首先我们再出去吃饭时要少用或者不用一次性筷子。你可知道一棵长了 20 年的大树只能做 3000 双一次性筷子！有人统计过，仅中国每年消耗的一次性筷子就有 450 亿双，这等于要用掉 1500 万棵这样的大树。如果全世界的人都频繁地使用一次性筷子，那得牺牲多少雨林和其他森林的树木啊！

▼ 筷子

逢年过节，很多人喜欢互赠贺卡表达祝福，这时候建议大家用电子贺卡。因为纸质的贺卡也是树木制成的，少用纸质贺卡能拯救很多大树呢！同样的道理，在家也可以告诉自己的妈妈尽量不用纸质的挂历、台历，而选择环保的电子挂历；少用纸巾，多用毛巾和手帕等。选购家具时要认准 FSC 标志，因为它表明产品的来源和加工过程是对环境负责任的。总之，保护雨林资源我们可以从很多小事做起。

“半年水世界”：亚马孙热带雨林为什么如此特殊

一个森林大家庭要在水世界中生活半年会是什么样子呢？想知道答案，就一起去看看“半年水世界”的亚马孙热带雨林吧！

热带没有四季的区分，只有干季和湿季，湿季就是降水特别多的季节。亚马孙热带雨林在干季和其他雨林没有什么不同，但在湿季就显得非常特殊，因为在这半年中，整个雨林都要在深达 6 米多的大水中度过。

像亚马孙热带雨林这样被泡在大洪水中的森林叫作泛滥森林，也有人称之为洪泛森林、沼泽森林。这种森林经常在洪水季节被水长时间地淹没（可达 4 ~ 10 个月），其中以亚马孙流域最为显著。因为湿度的不稳定性和土壤排水不良，泛滥森林的树木要比其他没有被淹没的森林的树木矮。

在这样的水世界里，就连美洲豹都要下水游泳，蚁类会“手牵手”组成“竹筏”送幼体平安过河，那些不能过河而被困在水面的昆虫就会成为水中鱼儿的猎物。此外，鱼儿也吃树上掉下来的果实，顺带着就将这些果实带到森林的其他地方，间接地完成了森林种子传播的任务。

小贴士

每年的雨季，大量的降水再加上安第斯山脉的冰川融水，使世界上水流量最大的亚马孙河也承受不起。当大量的水汇入亚马孙河，就形成了地球上最大的洪水，但大洪水并没带来灾难，而是成为这个地区特殊的自然景观。

热带雨林为什么有“黑白二水”的奇观

你见过一条河流竟然有“黑白”两种颜色的奇特景象吗？肯定没有见过吧，因为我们平时见到的河流都只有一种颜色，但热带雨林中的一条河流真的有黑白两种颜色，这是怎么回事呢？

原来，“黑白二水”这一天然奇观是亚马孙热带雨林特有的景象。“白水”是亚马孙主流河水，多为上游山峰的冰雪融水，其颜色其实是浅黄的，而非真的白色；“黑水”是指黑河水，黑河几乎全程都在热带雨林里，因为亚马孙有半年都是“水世界”，数以万计的植物从树根到树叶全都泡在温暖的水里，把河水“沏”成了黑色。

在黑河汇入亚马孙河主流之处，黑河顽固地保持住本色，坚持着不与亚马孙主流融合。于是在茫茫大河、浩浩水面上，

▲ 亚马孙雨林中的“黑白二水”

就有了这样一个“黑白二水”的旷世奇观：亚马孙河面之上，黑、白二水保持界限分明，形成一条清晰可见的“黑白水界线”，就像是中国传统太极图中的界线。黑、白二水并行共流数十千米，蔚为大观。

哪片热带雨林的年龄最大

世界上面积最大的热带雨林是亚马孙热带雨林，而年龄最大的是哪片热带雨林呢？答案就在大汉山国家公园里！面积达 4343 平方千米的大汉山国家公园是马来西亚最大的国家公园，这里分布着地球上最古老的热带雨林，大约已存在1.3亿年。

这里的原始雨林原始到什么程度呢？人们在雨林中难走的地方修了些木栈道，全是由成百上千年的老树根弯绕后加上大麻绳做的扶手形成的“天生阶梯”，行走其间稍不留意，就会被这些天然的“索道”给绊倒。在这片古老的热带雨林中，细心的人可以发现懒得动的树懒，以及有着滑翔绝技的飞鼠。

另外，这里还有马来半岛的第一高峰——大汉山。大汉山是马来半岛最难攀爬的山峰之一，人们可以通过瓜拉大汉观景步道

▼ 马来西亚大汉山国家公园

通往山顶，往返这条古道通常需要 7 天的时间。登上山顶后就可在上面一览马来西亚的壮丽景观。

冰火两重天：热带雨林中有企鹅吗

寒冷的南极有企鹅，这一点儿也不奇怪。如果我说热带雨林地区也有企鹅，你是否会觉得不可思议？热带雨林地区那么热，怎么可能有企鹅呢？但事实是热带雨林地区真的有企鹅！这到底是怎么回事呢？

在很久很久以前，地球上只有一个大陆板块。后来地壳发生了变化，这一个大板块发生了裂解、漂移，形成了多个板块，就是现在的非洲板块、亚洲板块、欧洲板块等。有科学家认为，有的企鹅随着板块的漂移来到了赤道附近，并在这里生存了下来。还有的科学家认为有的企鹅是随着南极的冰川运动或是洋流漂过来的。不过南美洲科隆群岛的企鹅不是从南极漂过来的，是唯一野生于赤道北部的企鹅。

科隆群岛在寒流和洋流的交相影响之下，那里的温度比起赤道其他地区要低很多。正因为如此，当地的野生企鹅才有了生存的可能。不要以为企鹅只能生存在冰天雪地中。加拉帕戈斯企鹅就在赤道附近的海岛上繁衍生息，甚至有时要忍受高达 40 摄氏度的环境温度。即使是海洋的表面，水温也可达 14 ～ 29 摄氏度，不过，加拉帕戈斯企鹅和其他企鹅一样，还是要到冷水中去

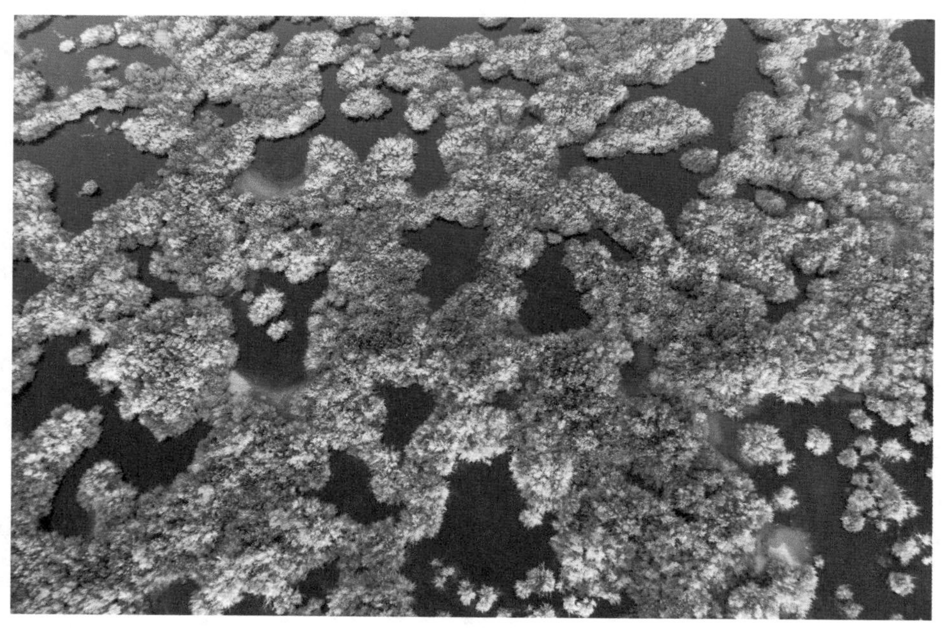

▲ 科隆群岛鸟瞰图

▼ 加拉帕戈斯企鹅

寻觅食物以及繁殖。不断涌来的冷水，对企鹅们来说，意味着生存的机会。

企鹅一直被视为南极的象征，但并非所有的企鹅都在南极，其实只有帝企鹅和阿德利企鹅生活在南极。现存的企鹅大约有 20 种，大部分生活在温带，也有小部分生活在热带。企鹅能在热带地区生存，并不代表它们已经适应了热带的高温变成热带动物。生活在热带的企鹅必须依靠海洋的冷水给自己的身体散热降温以求生存，而热带雨林闷热潮湿，所以雨林深处根本不可能有企鹅生活。

第二章

“植物凶杀案”

想象一下吧，刚进入热带雨林，就能看到一棵巨树，得要十几个人才能够合围起来。原来这就是热带雨林的“板根现象”啊，它使得伐倒热带雨林巨树分外困难。继续往前走，一根光秃秃的树干上竟然开着一朵又大又美丽的花！没错，这就是热带雨林特有的“老茎生花”。哎呀，只顾着惊讶了，才发现前边的路已被密密麻麻的藤茎挡得严严实实，这不就是厉害的绞杀植物嘛！无奈之下，只能绕道前行，却闻到了一股刺鼻的怪臭味，这个味道从哪里来……

揭开热带雨林的神秘面纱后，我们首先看到了一个奇异而又

残酷的植物世界！除了在路上看到的奇异现象，我们还遇到了很多不可思议的事情：一片叶子竟然长达 27 米，竖起来足足有 7 层楼房那么高！为了获得充足的阳光、更好地生存下去，植物们展开“血战”，甚至发生了离奇的“植物凶杀案”！

这到底是怎么回事呢？我们究竟还能遇到多少奇妙的热带雨林植物呢？

热带雨林到底有多少生物种类

如果我告诉你德国整个国家所有的生物种类量加起来，仅相当于热带雨林半个足球场大的面积中所容纳的生物种类量，你是否会觉得很夸张呢？事实上这个对比一点儿也不夸张，这是经过精心研究推算得出的数据。

热带雨林中生物种类之多、之全，是地球上其他任何地方都无法企及的。在比较寒冷的地区，像寒带、寒温带，通常是一种树木占据一个地区，而热带雨林地区，则是上千种植物参差交错，可能在几百米甚至上千米的范围内都找不到两株同类的植物。据推测，热带雨林中生存着全球约 50% 的物种，仅树种在每 100 平方米的范围内就有 40 ~ 100 种，而热带雨林的面积仅

小贴士

研究、探索热带雨林本来就是一个庞大、长期的工程，大量的动植物还藏在难以接近的热带雨林中等待着我们去发现、去了解。大多数情况下科学家们只发现了一些体积较小的生物，比如昆虫类。所以热带雨林到底有多少生物物种至今仍是个未知数。不过相信人类通过一代代的努力，一定能在热带雨林中不断地发现更多的惊喜。

占全球陆地面积的6%。当然，这些数据只是整体的估算，事实是热带雨林中的大多数生物至今仍未被研究过，有些甚至还没有被发现。在比较原始的热带雨林中，可能有一半的动植物人们仍叫不出名称。

热带雨林中的“植物凶杀案”是怎么回事

热带雨林中经常会发生类似的“植物凶杀案”：

一株小树伸出几根小小的枝条，柔弱无力，小鸟依人般地攀爬在一棵高大的乔木上。开始的时候，高大的乔木对弱小的树不屑一顾，以为这些小枝条根本成不了大气候，而最后小树却把高大的乔木变为枯木。这是怎么回事呢？这要从它们的种子说起。

这种树的种子通常较小，可以轻易被风吹到别处，也常借助鸟的帮忙把种子带到别的树上——种子有一层光滑的硬壳，鸟吃了后也无法消化，只能整个地排泄出来。它们往往选择高大挺拔的乔木寄生，这样可以获得更多的阳光，而且可以从乔木那里得到更多好处。

小树生存能力很强，遇上雨水就能发芽。发芽后就会长出许多气根来。一部分气根沿着树干爬到地面，插入土壤中，拼命与乔木抢夺养分；另一部分则植入乔木体内，直接吸取现成的养料和水分。与这种行径相较，还有更厉害的。这些气根会逐渐增粗分叉，形成一张网，紧紧地把宿主的主干箍住，从而阻止其生长。日久天长，寄生树越长越茂盛，而宿主则因外部的压榨和内部的养分贫乏而干枯、死亡。

这个“凶杀案”很惊悚吧，其实这是热带雨林植物之间特有的残酷的斗争方式，植物学家称之为绞杀。绞杀植物中比较常见的是榕树。这些榕树在杀死乔木后，最后会成长为独立巨大的树木。

热带雨林植物间为什么要进行残酷的“绞杀”

热带雨林植物间的竞争很是惨烈，甚至到了你死我活的地步。究竟是什么原因导致了这些残酷的“绞杀”呢？

原因很简单，那就是为了争夺有限的阳光和土壤营养。热带

▼ 热带雨林中盘根错节的树木

雨林地区气温高，湿度大，非常适合植物的生长，因此植物种类繁多、密度大，故单个植物的生活空间缩小了，接受阳光的机会也相应减少，另外土壤的养分也不够植物们分配，因此热带雨林的植物们进行了一场又一场轰轰烈烈的阳光、养分争夺战。在这样的战争中，那些具有较强生长力的植物可以得到充足的阳光和养料，从而在竞争中成为“赢家”。而那些生长能力弱的植物，最终成为雨林的“弃儿”。比如一些大树周围的许多小树和藤本植物相继死去，原因是大树根部长出了巨大根肿，生长迅速，在土壤中不断膨胀，挤压、毁坏了邻近植物的根系，使其他植物难以立足。

动物之间弱肉强食是很常见的现象，植物生长范围狭小，又不能像动物们那样活动，但为了争夺生存的阳光和养分，它们时刻都在准备着迎战和出击，其竞争之激烈一点儿也不亚于动物世界。

热带雨林中哪种花最守时

有句古话叫作“花开花落自有时”，表明花绝对是守时的好典范。有种花不休息、不迟到，犹如时钟上的时刻一样规律，因此被称为“时钟花”。

时钟花主要分布在非洲南部和南美洲的热带和亚热带地区，大部分种类生长在美洲。中国本来没有，后来引进了一些品种。

▲ 时钟花

时钟花有多个品种，常见的有黄色时钟花和白色时钟花。在多姿多彩的雨林中，时钟花并不耀眼，但其坚持、守时的精神足以令它散发出与众不同的魅力。每到开花时节，时钟花坚持每天早开晚谢，每朵小花每天都是如此。更有意思的是，它的花几乎同开同谢，非常奇妙。

这种美丽的花朵为什么如此神奇，会按时开放呢？原来时钟花的开花规律与日照、温度的变化密切相关，同时受体内一种时钟酶的控制。这种酶的活性受温度影响较大，并据此调节、控制时钟花的机能和开花时间。

其实，时钟花也有反常不守时的时候。晴天，时钟花常在上午 9 ~ 11 时开放，下午 3 ~ 4 时谢落；阴天，时钟花一般午间

12 时左右开放，下午 5 ～ 6 时谢落；若气温较低，则花朵开放时间常要延迟到下午 3 时，并且只是半开放。

热带雨林中会下雨的“含羞树”是什么

说来奇怪，有一种树木会下雨不说，而且还很“害羞”，它就是雨树。

雨树属豆科含羞草亚科植物，又称雨豆树、伊蓓树，它的花期 8 ～ 9 月。雨树原产于热带美洲，中国云南省西双版纳、台湾

▼ 雨树

地区、海南省有引种，现广植于全世界热带地区。

雨树之所以特殊，就在于其奇特的树叶，它的树叶长约40厘米，像碗的形状。雨树的枝叶与含羞草形态相似，叶片具有奇特的感应效果。落到叶面上的液体都会被聚集起来。每到夜晚或阴天，树“害羞”地把叶子合起来，将聚集的液体包裹起来；白天气温高时，叶面会慢慢舒展开，聚满的液体就会挥洒而下，形成“下雨”现象。

“害羞”的雨树全身是宝，它生长迅速，枝叶繁茂，树冠的面积很大，整棵树酷似一把撑开的绿巨伞，几十个人站在树下乘凉都不会觉得拥挤。雨树的果实多汁味甜，牛非常喜欢吃，因此南美及西印度群岛的人们常种植雨树作为饲料树。

热带雨林中那些砍不倒的树是怎么回事

伐木工人经常会在热带雨林中遇到一种令他们头疼的树木，这种树木的树干基部延伸出一些翼状结构，就像树木基部的翅膀一般。而这些“翅膀”会死死地抓住地面，像一个巨大的板状支架保护着树木，这就是热带雨林的另一个特殊奇观——“板根现象”。树木有了板根的保护，十几个人才能够将它合围起来，树木的粗壮可想而知！因此碰到这种巨树，采木工人怎么可能将它砍倒呢？

有些树木的板根高达十多米，延伸十多米宽，形如“板墙”，甚为壮观。为什么会有如此壮观的“板根现象”呢？原来，热带雨林的水热条件非常好，植物的种子在很浅的土壤中便能生根发芽，根系扎得很浅。但是一些巨大的乔木长大后，身躯高大粗壮，十分沉重，本来就“头重脚轻”，还要经常受到藤萝的纠缠、暴风骤雨的打击，所以这些树木就长出了巨大的板根以支撑其庞大的身躯。

具有板根的树木，并不是长大后才有板根的，而是在它们还是小树的时候，就已经有了小板根，随着树木的长大，这些小板根也变大、变粗。

▼ 热带雨林中盘横交错的树根

小贴士

据说，当年英国殖民者入侵爪哇时就被雨林中巨大的“板墙”挡住了去路，他们在“板墙”形成的空间里绕了又绕，被困在“迷宫”中很久，之后不得不落荒而逃。

“老茎生花”现象是怎么回事

通常情况下，植物的花朵都是均匀地开在树枝上，果子也是结在树枝上。但是，你如果走进热带雨林，就会惊讶地发现，里边植物的花朵不都是本分地生长在新生的树枝上，有的突兀地开在或结在粗壮的树干上，有的甚至长在靠近树根的地方，很是奇特。花和果实的周围通常都是光秃秃的，没有一点绿叶的陪衬！这就是热带雨林独特的奇观——“老茎生花”！

中国西双版纳的“茎花”“茎果”植物就不少，比如著名的可可、菠萝蜜、木奶果等。当然，并不是只有乔木有“老茎生花”的现象，林中的古藤也有“茎花”“茎果”现象。

为什么会有“老茎生花”的现象呢？原来，大多数植物的花朵都需要昆虫为其授粉才能结成种子，繁衍子嗣。但是在热带雨林中，昆虫和其他授粉者主要在林冠下特定的高度范围内活动，

▲ 老茎生花

而成年乔木的枝叶通常很高，如果把花开在很高的地方，授粉者可能看不到、够不着。所以“老茎生花”的现象就应运而生，树木把花朵开在离地面更近的树干上，那里比较空旷，花朵很容易被昆虫注意到，就能获得更多的授粉机会。除此之外，“茎花”还有利于输送养分，减少能量的消耗。

“老茎生花”的这种特性具有遗传性，离开了热带雨林，它们还可以“老茎生花”。但木奶果离开热带雨林后，在老茎上结的果实就大大减少了。

一棵树变成一片林是怎么回事

中国广东省有一个“小鸟天堂”旅游景区，它占地18亩，是中国最大的赏鸟乐园之一。如果你以为“小鸟天堂”是一片大树林，那么你就错了。这个景区只有一棵树！一棵树变成一片林，这是怎么回事呢？

原来，这个景区有一棵奇特的大榕树，是一棵已经有500多岁高龄的细叶榕。这里环境十分湿热，所以这棵细叶榕的枝干上长出了很多气生根，它们能从空气中吸收水汽。随着时光的推移，树木不停生长，这些根也逐渐长长、下垂，当触及土壤时，不仅可以从土壤中吸收营养，而且继续增粗增大，能支撑树木的

▼ 榕树

躯体。树木大量的支柱根就会构成“独树成林”的奇观。由于这棵细叶榕已有 500 多岁，所以它衍生出了不计其数的根，这些根竟然覆盖了多达 18 亩的地区，形成了“小鸟天堂”的景观。

其实在高温高湿的热带雨林中，类似于“小鸟天堂”这种“独木成林”的景观非常常见。特别是一些榕树能在茎干或树枝上长出很多不定根（气生根），当它们汲取了土壤中足够的养分时就成为支柱根，支柱根会加强树木对水分和无机盐的吸收，促进植株生长和树冠扩展。随着树木的生长支柱根的数量越来越多，也愈加粗壮。由于颜色相似，人们很难区分支柱根和树干，所以远远望去，就像是有很多树木生长在一起形成的一片森林，但实际上这只是一棵树。

热带雨林中有神奇的“空中花园”吗

如果进入热带雨林的话，你会惊讶地发现雨林半空有很多奇怪的现象。一些树木长有“胡须”，挂在树枝上随风飘扬。一些本该生长在地面的苔藓类植物竟高高悬挂在大树上，形成空中苔藓林的奇观。多种花朵在树干上绚丽绽放，姿态动人。由于热带雨林非常湿热，附生植物往往娇嫩，花朵鲜艳，五彩缤纷，陪衬有大叶型攀缘藤本种类，共同组成了美丽的“空中花园”，悬挂在上空。

原来所有这些都是附生植物，它们非常特殊，在雨林潮湿的气候条件下，可以离开土壤，仅仅以雨露、空气中的水汽为生，少数会利用大树上有限的腐殖质，所以附生植物不会与被附生植物争夺营养。附生植物只是占用了被附生植物身上的空间，以获得更多阳光和水分，而寄生植物要和被寄生植物抢夺营养，这些是附生植物和寄生植物的区别。

虽然如此，但是附生植物也会给被附生植物造成一定的麻烦。有些大树上的附生植物竟达上百种，重量有数吨，由于负担过重，树木的大枝条常常因此而折断落地。当然这些附生植物也给热带雨林作出了贡献，比如南美洲凤梨的叶子质硬且向上翘，能够储存很多的水分，这不仅为冠层的许多动物提供了饮用水源，而且也能作为一些物种的栖身之地，比如箭毒蛙的宝宝就是在这里长大的。

◀ 附生植物——迷你凤梨

为什么流经热带雨林的雨水没有营养

为什么流经热带雨林的雨水没有营养呢？如果这样，那么热带雨林中丰沛的降水岂不是白下了？热带雨林中那么多的树木怎样生存呢？其实你完全不用担心，因为大自然的生物自有它们奇妙的生存法则。

在热带雨林中的地下，有很多长着细长菌丝的真菌，它们并不是我们印象中普通的蘑菇。真菌细长的菌丝密密麻麻地排列，

▼ 寄生在树根上的苔藓

织成一张网，别小看了这张网，它们可是有着非比寻常的本领，几乎可以吸收所有的营养物质。因此，流经热带雨林中的雨水，其养分都被这些真菌吸收得差不多了，所以流经森林的溪水几乎没有什么营养物质。

雨水没了营养，但并不影响树木的成长，因为有神奇的菌根共生现象。由于热带雨林中没有可以直接供给树木养分的腐殖土，因此树木会利用它们的地表根，结成一张稠密的大网，以最优化的方式利用地表的营养物质。真菌就借此机会寄居在一些树木的根上，与它们结成伙伴关系。真菌为植物提供无机盐和水，植物则为真菌提供它们自己无法合成的养料：氨基酸、蛋白质和糖类。

正是有了这种菌根共生关系，热带雨林中的大多数植物才能汲取足够的水和养分，得以生存下去。

热带雨林中的植物凭借什么本领传播种子

自然界中的植物若想生存发展，生生不息，必须要想尽一切办法来繁衍自己的后代。为此，植物们纷纷使出浑身本领，让自己的种子可以广为传播。

本领一：靠动物来传播。在所有的热带雨林中，大约有 70% 的植物种子依靠动物来传播。不知道你有没有疑问，为什么花朵的颜色那么绚丽？这可不是花朵为取悦人类而做的精心打扮，而是花儿在为自己打广告呢！在绿色的丛林中，五颜六色的花朵异常耀眼，这样它们就可以吸引蜜蜂、蜂鸟、蝴蝶等来采蜜、授粉。同样的道理，热带雨林中生产的各种野果，不仅非常香甜，而且颜色各异，因为这样动物才爱吃。动物吃完果实后，种子就会随着动物的粪便排出体外，只要是动物经过的地方，就有可能成为种子发芽成长的地方。

本领二：借助风的力量。风是无处不在的，热带雨林的风成为种子旅行的“免费车”。例如兰花的种子像微尘一样细小，风可以带它们到森林中的每一个角落。还有一些巨大的乔木，它们的种子也可以随风飞到四周。

▼ 正在吃木瓜的斑纹帝国鸽子

本领三："顺水推舟"。热带雨林中睡莲的果实成熟后沉入水底，待果皮腐烂后，包有海绵状外种皮的种子就会浮起来，漂到其他地方。

本领四：自身的功力。这种传播方式是通过植物自身的力量来完成的。一些植物的果实成熟后，果皮在似火骄阳的烘烤下，常常会"啪"的一声爆裂。这时，种子就会被弹到远处，实现种子传播。

热带雨林中最大的花是什么

雨林中有一种可以令你震惊的花朵，整个花通常由5片又大又厚的花瓣组成，花冠呈鲜红色，上面密布着白色的斑点。没错，这就是雨林中最大的花，叫作大花草。

大花草每朵花就有6～7千克重，每个花瓣长达30厘米，花的直径达一米多！花的中心部分就好似一个大坛子，里面可以盛下7～8升的水。因此人们又叫它大王花，它是当之无愧的世界"花王"。

大花草很是奇特，既没有叶子，也没有茎，而是寄生在藤属植物的根或茎的下部，一生只开一朵花。起初，大花草在寄生植物的藤皮处裂开，渐渐鼓出一个小包，9个月后便开出一朵硕大无比的花朵。不过，大花草的种子究竟是怎样进入寄主体内的，仍然是一个未解之谜。

▲ 热带雨林中最大的花——大花草

但是，“花王”的味道或许会令它很难堪。花刚开放的时候还有点儿香味，但不几天就变得臭不可闻了，而且这种恶臭竟能传到几里以外，只能招来一些逐臭的蝇类和甲虫为它传粉。另外，“花王”的花期很短，花开放四五天后便开始凋谢，花瓣颜色也由红变黑，逐渐烂成糊状。受精后的花经过 7 个月左右的时间便可发育为成熟的果实。

热带雨林中最小的植物是什么

说完雨林中最大的花，我们再来找找雨林中最小的植物是什么。这种植物，就算近在咫尺，估计你也看不见它，因为它实在是太小了！有多小呢？这种植物长只有 1 毫米多，宽不到 1 毫米。你可以拿起自己的三角尺，看看 1 毫米有多短，它比芝麻还要小很多。有趣的是这么小的植物竟然也能开花，当然它的花更小！

这种植物叫作无根萍，生长于世界各地的池塘和水田，湿润的热带雨林中当然也少不了它们的身影。全世界的无根萍有 11 种，最小的体长只有 0.4 ~ 0.9 毫米，无根萍有三个世界“最小”纪录：最小的开花植物、花最小的植物、果实最小的植物。

无根萍又称卵萍、水蚤萍等，属浮萍科，为什么叫作无根萍呢？那是因为它没有根，是浮在水面上的。由于个子太小了，无根萍的构造也很简单，整个植物体已经分不清根、茎、叶，整体上呈椭圆球形，里面都是小气室，主要由进行光合作用的薄壁细胞组成。因为植物体太小，连其他浮萍残存的维管束组织也都完全退化掉了。

不过，微小的“身材”给无根萍种子的传播提供了很大的便利，它微小的种子极易被青蛙、水鸟或风传播到很远的地方去。

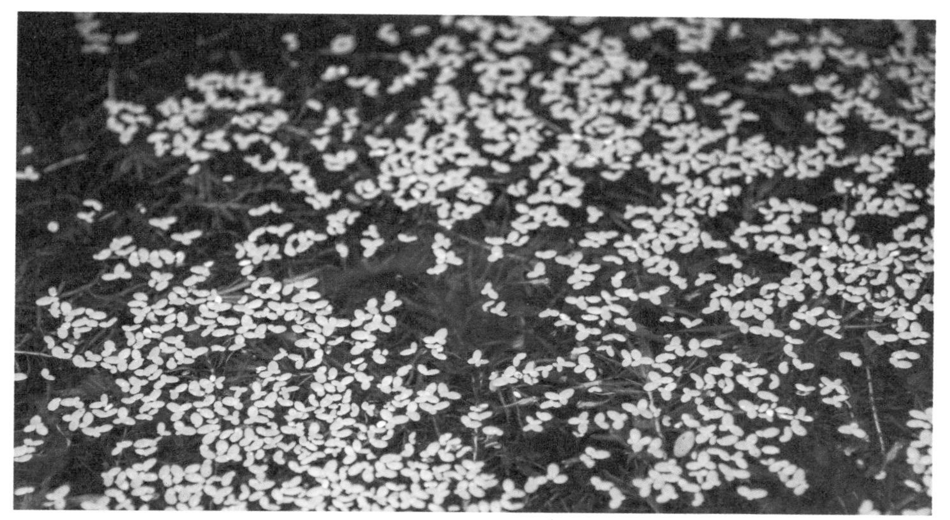

▲ 世界上最小的开花植物——无根萍

热带雨林中最高的树是什么

1975 年，中国云南省林业考察队在西双版纳热带雨林中进行科学考察时，发现了一种高耸挺拔的树木，昂首挺立于万木之中，有直通九霄、刺破青天之势！人们向上望不到它的树顶，甚至测高器也很难测准它的高度。没错，这就是热带雨林中最高的树——望天树。

望天树又名擎天树，是名贵的树种，被列为中国一级保护植物。望天树树体高大，树干通直，一般高 40 ~ 60 米，最高可达 80 多米，相当于二十几层楼的高度。大树具板根，树皮呈褐色或深褐色。另外，望天树的叶子可作药用，内用解毒，外用治

▲ 望天树

湿疹，它的根皮也能入药。但是望天树结的果实稀少，种子寿命短，天然发芽成长为大树十分困难。

2011 年 9 月 29 日中国发射的“天宫一号”目标飞行器搭载有包括望天树在内的稀有树种进入太空，进行太空育种试验。

热带雨林中的“空中交通线”是怎么回事

热带雨林的很多爬行动物生活在树上，那它们在空中怎样四处移动呢？如果在树枝繁密、几乎相互连接的地方，动物仅借

▲ 热带雨林中的“空中交通线”——藤类植物

助繁密的树枝就可在树木之间自由移动。但是，如果有的地方树枝不太繁密、紧凑，那么这些树居爬行动物该怎样在空中完成转移呢？这时藤本植物、攀缘植物就派上用场啦！

热带雨林的冠层中有大量的攀缘植物和藤本植物，它们是热带雨林植物的重要组成部分。藤本不能独立向上生长，但却能依附别的植物或支持物生长，我们熟悉的葡萄树、牵牛花等就是藤本植物。藤本植物最初生长在地上，然后依靠在其他的植物上得以爬到高处，以获得充足的光照，从而茁壮生长。一些较大的藤本植物长度可能超过 60 米，而且它们的藤条非常结实，一种叫作白藤的藤本植物就广泛应用于绳索制造。正是因为藤本植物可以依附别的植物生长而且藤条坚韧粗壮，所以藤本植物可以给树木之间提供物理连接。

无数连接着树木的藤条在空中悬浮交错，就像四通八达的公路，为动物们提供了移动的通道，也因此有人把这些交错的藤条形象地称为“空中交通线”。

为什么热带雨林下层植物的叶子很大

世界上有长达27米的树叶吗？27米有多长呢？想象一下吧，这片叶子能从7层楼的楼顶垂到一楼地面！热带雨林是如此的神奇，就连叶子都长得让人感到不可思议，大得你都无法想象。长叶椰子的叶子就能长到27米长。这是迄今人类所知道的最长的叶子。热带雨林中许多草本植物都有巨大的叶子，如芭蕉、海芋、箭根薯等，但多出现在雨林的下层。为什么这些大叶子通常出现在雨林下层呢？

其实，这是热带雨林底层草本植物适应弱光的结果。我们都知道，阳光对于植物来说就像人类的食物，植物是靠“吞食”阳光过活的，通过叶子的光合作用合成自身需要的有机物。然而热带雨林中对于阳光的竞争相当激烈，洒向雨林的阳光大部分被高层的乔木拦下了，剩余不多的阳光在半道上还要遭受中层植物的“围追堵截”。就这样，一路下来最后到达雨林下面的阳光已是所剩无几。为了截获剩余不多的阳光，下层的草本植物就要尽量长大叶子，占据更大的面积，以便摄取更多的阳光。

▲ 箭根薯

▶ 海芋

▼ 长叶椰子树

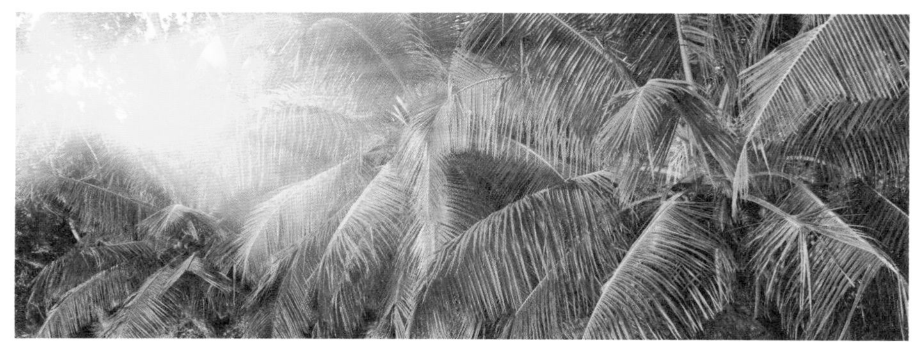

雨林高层的植物获取阳光相对容易些，因此它们没必要将叶子长那么大，所以在雨林高层就很少见到大叶子植物。

热带雨林中为什么有花叶现象

热带雨林中植物的叶片，有的是一年常青的纯绿色，还有的是黄、白、绿等各种颜色杂驳。叶子是绿色一点儿也不奇怪，可是各种五彩缤纷的花叶是怎么回事呢？是不是植物生病了，还是为了好看，叶子才变得五颜六色的？都不是，植物既没有生病，也没有为了漂亮而故意花枝招展，它们长出花叶纯粹是为了更好地生存。

花叶现象是植物为了更好地生存而进化的结果。阳光中的红光、蓝光、紫光都被高大的树木吸收利用了，散射下来的残余的阳光中，以难以利用的绿光居多，这些争夺阳光的弱势群体让叶子长花斑，可以更好地在残存的光线中摄取绿光中的能量。这样就使花叶变异的基因被林下植物保存下来，代代相传。

花叶变异还是一种弱者生存的隐身策略。在雨林残酷的生物竞争中，如果没有一些自我保护的手段，很容易被对手消灭。花叶的效果和在丛林中作战的军人穿迷彩服的原理是相同的，就是扰乱敌人的视线。

据研究，许多食草兽类虽然听觉灵敏、运动迅速，但视力却欠佳，当它们在林中觅食时，会被花叶上不是绿色的斑纹所迷惑，常常误认为这种花斑是阳光透过林冠层洒在地面上的光斑，因而会更多地选择纯绿叶为食物。花叶就是这样保护自己不被吃掉。

花叶现象多出现在雨林下层很难见到阳光的植物身上，但由于叶子颜色的特殊性，花叶植物成为了人们家中观赏植物的宠儿。

▼ 花叶

第三章

世界各地的花朵

在花朵的世界中，每一朵花都显示出不同的特性和姿态，或释放令人心旷神怡的香气，或有着提神醒脑的功效……花朵虽然是千姿百态的，但是花朵的家族中总有“特别”的存在。你知道它们都是谁吗？

花朵总会让人联想到心旷神怡的香气，可你知道哪种花释放的气味是最臭的吗？你了解花朵的寿命吗？你知道最短命和最长寿的花都是谁吗？花朵的生存环境也不尽相同，有的能够独立于江雪之中，有的能够傲然于烈日之下，不过你听说过哪种花是最耐旱的吗？千万不要以为只有变色龙才会“变魔术”，有的花朵

也同样会“变魔术”，你知道哪种花是最会变颜色的吗？

是不是迫不及待地想要了解这些问题呢？那就快来寻找花朵中最“特别”的那朵吧！

你知道什么才是一朵完整的花吗

看到这个问题，你可能会想：一朵完整的花不就是没有破损的花吗？这个问题可不是如此简单，从植物学的角度来看，一朵完整的花包括六个基本部分：花梗、花托、花萼、花冠、雄蕊群和雌蕊群。花梗就是连接茎与花的部分，就如同我们使用的黏合剂一样，把花与茎粘得牢牢的。花梗顶端膨大的部分称为花托，承托着花朵。花萼是位于花朵最外层的一轮萼片，一般都是绿色的，在形态学上，也被称为变形的叶子。花冠就是我们所说的花瓣，它除了具有保护花蕾的作用外，还以其艳丽的颜色来吸引昆虫帮助授粉。

一朵花内的雄蕊总称为雄蕊群，每一个雄蕊都由花药和一个细的花丝组成，花粉中含有雄配子。雄蕊的数目和形态特征较为稳定，常作为植物分类和鉴定的依据。

雌蕊群是由一个或多个雌蕊组成的。雌蕊位于一朵花的正中心，这里是孕育种子的地方，雌蕊由着生胚珠的心皮组成。科学家普遍认为心皮是构成雌蕊的基本单位，它包含有子房，而子房室内有胚珠，胚珠内含雌配子。雌蕊的黏性顶端称为柱头，是接收花粉的地方；而花柱就是用来连接柱头和子房的，它可是花粉粒萌发后进入子房的重要通道哦！

现在你知道什么是完整的花了吧！像桃花这种花萼、花冠、

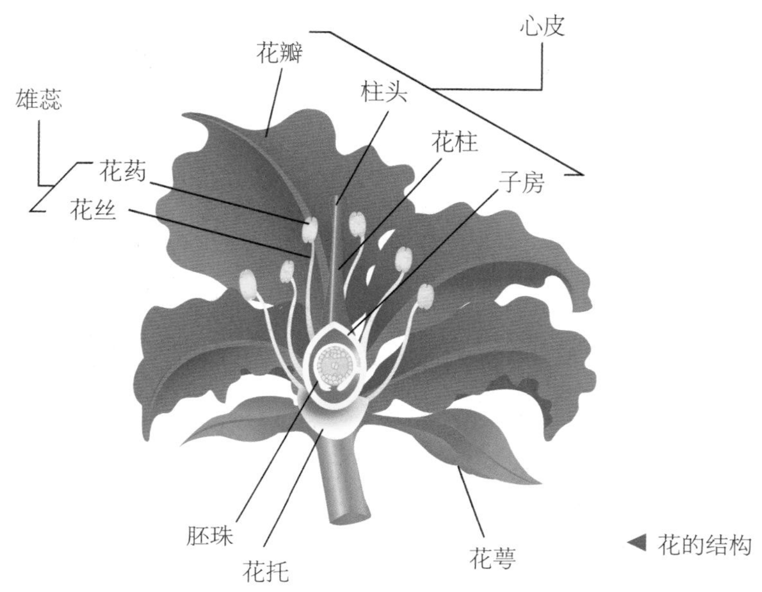

◀ 花的结构

雄蕊、雌蕊四部分都有的就叫作完全花；少了几个的就被称为不完全花。

为什么有的花也需要“睡觉”

第一个知道花儿睡觉的人就是英国著名的生物学家达尔文。睡觉对人们来说是非常重要的，能使人们在第二天更有精神。同样的，花儿的睡眠对其自身也是有很大好处的。

达尔文认为花的睡眠主要是为了抵抗夜晚的寒冷。达尔文的这种理论因缺乏证据没有被人们重视。之后，有人提出了“月光理论”，认为花朵的睡眠是为了不受到月光的伤害。这一理论很快就被反驳。因为许多热带的植物也有睡眠的现象。

▲ 睡觉的牵牛花

终于，美国科学家恩瑞特用自己的实验给出了一个圆满的解释。他用灵敏的温度探测针探测多种植物在夜间的温度。结果发现，不进行睡眠的植物温度比进行睡眠的植物温度低 1 摄氏度左右。这微小的 1 摄氏度的温度差异已经足够影响植物的生长。能够进行睡眠的植物在相同的环境下比不进行睡眠的植物要生长得更快、更好，它们拥有更强的生存能力。

科学家还发现植物有午睡的现象。在炎热的夏天，因为白天时间长，人们要通过午休来调整一整天的精力。植物的午睡也大概是这个时间，一般在中午 11 时至下午 14 时左右。在这个时间里，植物叶子上的气孔会关闭，以降低光合作用。科学家认为，植物午睡主要是因为炎热干燥的天气，午睡能使植物减少水分的散失，抵抗干旱。这可能是植物在长期进化过程中形成的一种本能，以便使自己在不利的环境中生存下去。

花的香味是从哪里发出来的

当你走进花的王国时，你有没有被它们独特的芳香深深吸引呢？你知道这些香味是从哪里来的吗？

让我们先来仔细观察花朵的花瓣吧，花瓣可以分为表皮、薄壁组织和维管组织三个部分。在薄壁组织中有大量的油细胞存在，这些油细胞能够释放出含有香气的芳香油，但是它们很容易挥发，那些像乳头一样突起在表皮上的东西叫作腺毛，芳香油的气味就是通过它扩散到空气中的。

当然啦，在一些特立独行的花朵的花瓣上，我们找不到油细胞的踪影，它们是怎样制造芳香的呢？原来这些花朵在细胞新陈代谢的过程中能够产生芳香油，还有一些花瓣细胞中含有配糖体，这些配糖体经过酶分解之后也可以产生浓郁的芳香。同样，在不同地方、不同环境下生长出来的植物和花朵，它们所释放出的香气往往也是大不相同的。

很多时候我们会发现，当天气晴朗的时候，我们更容易闻到花的香气。这是为什么呢？原来在太阳光的照射下，花瓣的温度会不断地升高，花瓣中所蕴含的芳香油也就挥发得更快，香气也就能够飘到更远的地方。当然，也有像夜来香这种在晚上才散发浓郁香气的花。这是因为这些花朵的花瓣上有很多小气孔存在，夜晚时候空气湿度相对较大，这些气孔张开的程度也就越大，芳香油自然挥发得也就越多。当花朵进入适宜的授粉期时，它的香气将格外引“虫”注意并达到最高峰。当花朵完成受精以后，它们的香味也就会随之减弱，这样做的好处就是可以让昆虫均匀地帮助每一朵花完成传粉的过程。

为什么小麦花成了“最短命”的花

我们通过树的年轮就可以知道树的年龄，那花朵的年龄怎么判断呢？

一朵花从开放到凋谢的这段时间就是花朵的寿命，而花期就是从这棵植物第一朵花开放到最后一朵花凋谢的时间。比如棉花

▼ 小麦花

的花开一天就凋零了，而一株棉花的花期有一个月，一朵花开放完，另一朵花再开放。各种植物开花时间不同，它们的花期也不同。

你知道目前已知的哪种植物的花寿命最短吗？人们常常以为昙花就是开花时间最短的花朵，其实不然。昙花的寿命最少也会保持 4 小时，相比之下，小麦开花的时间就短得多了。小麦的花朵开放只有 5 ～ 30 分钟。

由于我们很少注意小麦开花，所以才误认为昙花的寿命最短。小麦的花是靠风来传授花粉的，微风吹过，花粉随风飘散，很快就能成功授粉，因此它的开花时间不需要很长。麦花长在麦子的顶端，小麦抽穗后三五天就能开花。如果遇到高温天气会早一两天开花；如果遇上低温就可能要经过十几天才开花。正常情况下，小麦上午开花最多，下午开花较少，傍晚和清晨不开花。一个麦穗从开花到结束，需 2 ～ 3 天。

你知道世界上最臭的花是什么吗

花朵给人们的第一印象就是它们美丽的容貌、扑鼻诱人的芳香。可是，世界上的花可不都是这样的，巨型魔芋开出的花会颠覆你对花朵的印象。巨型魔芋的花并不娇美，而是较为丑陋；也不会散发花香，而是扑鼻恶臭，臭得让人难以忍受。巨型魔芋花大概是世界上最臭的花。

◀ 巨型魔芋

巨型魔芋原来生长在印度尼西亚的苏门答腊岛的雨林之中。它在世界上第一次被发现是在1878年。现在，在很多国家的植物园中都能看到它的身影。巨型魔芋的花朵高达两米，直径有一米多。花朵开放后会在8小时内不停地散发与下水道和腐烂尸体气味不相上下的味道。人们闻了都忍不住想要呕吐。那些蜜蜂、蝴蝶就更不敢靠近了。只有以腐肉为生的甲虫才会被这种独特的味道吸引来为其授粉。巨型魔芋长达40年的生命中大约开3次花。

有史料记载的世界上巨型魔芋的第一次开花是在英国克佑的皇家植物园。美国加州大学和华盛顿的国家植物园也曾有巨型魔芋的开花记录。在中国的北京植物园中也有一棵高两米多的巨型魔芋花。这种珍稀的植物每次一开花，都能吸引大量的游客前往观看。

你知道什么花最会变颜色吗

我们日常看到的花朵，如粉红的桃花、大红的牡丹等，从开花一直到凋谢，它们的颜色从来不会有什么变化。但在无奇不有的自然界，有一些花朵跟变色龙一样会“变色”，如同不停地换着鲜艳的衣服。比如，王莲的花晚上开放，傍晚时分开出的花是

▼ 金银花

洁白的，到了第二天的黄昏，花朵就变成了淡红色，慢慢地又变成了深红色。金银花在春夏之交时开花，花朵初开时色如白银，但过一两天之后，却变成色如黄金了。黄白的花在枝藤上交相辉映，好看至极，因此，人们给它起了一个美名——金银花。

在大自然众多变色的花朵中，颜色变化最多的花要数“弄色木芙蓉”了。通常的木芙蓉只变两次颜色，由刚开放的白色慢慢变为深红色。弄色木芙蓉又名三弄芙蓉，它清晨刚绽开的花为白色，第二天变成淡红色，而到了第三天却又变成了深红色，到花凋落的时候又变成紫色。它的色彩变幻之多，真是神奇，如同色彩界的“魔术师”一般。

弄色木芙蓉的变色，看起来非常玄妙，其实都是隐藏在花内的“魔术师”——色素随着环境中的温度和酸碱度的变化而产生变化。

世界上最大的开花植物是什么

目前生长在美国加利福尼亚州的一株巨型中国紫藤应该是世界上已知的最大的开花植物。该树由威廉和爱丽丝·布鲁格曼于1894年栽种。吉尼斯世界纪录已经把该树认证为世界上最大的开花藤蔓植物。

它的枝条现在已经覆盖达4000多平方米，每年有150多万朵花开放。园艺专家初步估算，它的枝条能够在一天之内长61

▲ 美国加利福尼亚州的巨型中国紫藤

厘米。紫藤为多年生木质藤本植物，一般依附木架或其他支撑物生长。暮春时会开满蝴蝶形的花朵，花朵为下垂状，呈紫色或深紫色，非常美丽。紫藤对空气中的灰尘有一定的吸附能力，常常被应用在园林种植中。紫藤花会结出豆荚样的果实，果实表面有银灰色短茸毛，悬挂于藤间，别有一番韵味。紫藤花也是很好的美味佳肴，人们把紫藤花用水冲洗后，凉拌或者裹面油炸制作藤萝饼等美食。金朝学者冯延登称赞紫藤花做的食物是堪比素八珍的美味。它的茎皮和花还可入药，有解毒、驱虫、止吐止泻之功效。

紫藤原产于中国，常见的品种有花紫藤、银藤、窟香藤、红玉藤、南京藤、白玉藤等。

你知道什么花的香气传得最远吗

花朵的香味常常让我们沉醉其中。春天百花盛开，它们有的利用自己美丽的颜色吸引昆虫传粉，有的则利用自身的香味吸引昆虫传粉。有的花我们很远就能闻到它的香味，那世界上香味传得最远的花是什么呢？

有一种白色野蔷薇，香味很浓，可传到 5 千米之外，是当今世界上香气传得最远的花。人们送给它一个名字“十里香”。十里香也就是月橘。月橘喜欢温暖湿润的气候，多生长于海拔高的山林或丘陵地。月橘通常夏秋之际开花，花朵中的 10 个雄蕊并不是一样的大小，而是五短五长，非常奇特。它不但花香浓郁，而且连叶子都有香气。这可不是花朵的香气把叶子熏香的。透过太阳光能够看到月橘的叶子有一个小小的透明点，这个点叫“油点”，不断搓揉它的叶子就会散发出独特的香气。月橘开花后会结出青绿色的果实，成熟之后变成红色。

月橘的叶和带叶的嫩枝可以入药，中药名叫“九里香”，能够祛风除湿、活血解毒。在古代，人们就曾用月橘的树皮和树枝与雅香同置熏笼中来熏制衣服。月橘的花还能提炼芳香油，它的花和果实晒干后，花能用来泡茶，果实可供食用。

▲ 月橘

▼ 凤梨花

世界上开花最晚的植物是什么

我们常见的牡丹、芍药、茉莉等都是草本植物，它们大都是一年生、两年生植物，栽种之后当年或者第二年就会开花。像桃树、梨树这些木本植物的花开得就要晚一些。桃树要 3 年才会开花；梨树要 4 年；毛竹 50 ~ 60 年后才开花，它一生只开一次花，花开完后就逐渐死亡。蒲公英花、牵牛花等都是一日争艳，朝夕之间就香消玉殒了。开花时间上最长寿的花——热带兰花，它的花朵寿命也才 80 天左右。

一朵花从绽放到凋零的时间就是这朵花的寿命。一株植物第一朵花绽放到最后一朵花凋零的时间是这株植物的花期，整个花期就是一朵朵花的生命接力。为了这稍纵即逝的美丽，植物想尽各种办法来展现生命的力量。花的寿命虽短，但有的花却需要漫长的等待才能绽放出美丽，等待时间最长的莫过于生长在南美洲玻利维亚的拉蒙弟凤梨。任何开花晚的植物跟它相比都算是“小巫见大巫”了，它通常要生长 150 年后才开出圆锥状的花序，一个人可能一生都看不见它的花。拉蒙弟凤梨一生只开一次花，开花后跟毛竹一样将枯萎、死去。它经历了上百年的春秋寒暑，朝夕之间展现出生命的极致，然后就义无反顾地凋零了。真是令人叹为观止！

世界上有没有黑色的花

黑色的花在世界上不是不存在，而是不常见，并且数量特别稀少，比如蔷薇有时候就会开出黑色的花，还有墨菊、黑牡丹和黑郁金香等。科学家曾经调查过 4200 多种花的颜色，结果他们发现黑色的花不到 8 种，它们大都生长在阴暗潮湿的地方。

我们知道太阳光是由多种颜色的光混合而成的。我们看到一种花呈现出红色是因为它反射红色的光，看到白色花是因为它反射所有颜色的光，而黑色花却吸收所有颜色的光。在我们生活的环境中，最常见的就是红色、黄色和白色的花。因为红色和黄色的光中含有的能量最多，红色、黄色和白色的花能够反射光，从而避免自己被晒伤。黑色的花吸收热的能力特别强，可以吸收所有的太阳光波，如果在极强阳光的照射下，不一会儿娇嫩的花朵就可能因为温度过高而枯萎死掉。黑色的花稀少的另一个原因是花朵所依靠的传粉的昆虫大都不喜欢黑色。比如蜜蜂和蝴蝶，它们都喜欢颜色鲜艳的花，不喜欢黑色的花。因此，它们就不爱到黑色的花上去采蜜，所以它们就很少帮助黑色的花传粉，结果就使黑色的花因为没有办法传粉而无法繁衍后代。

在生物进化演变的过程中，在适者生存的竞择下，随着时间的推移，黑色的花就变得越来越少。

▼ 黑色郁金香

为什么竹子开花后就会枯死

竹子开花后就会枯死，人们就觉得竹子开花是一种不祥之兆。在古代，人们给竹子开花这一自然现象蒙上了一层迷信的色彩，固执地认为竹子开花会使庄稼减产，是荒年之兆。竹子属于多年生一次开花植物，一次开花植物有一个特点，就是在植物生长的前期，根、茎、叶这些营养器官的生长占优势，称之为营养生长，之后花、果实才会生长出来。所以竹子生长几十年后才开花。竹子一生只开一次花，所以开花的时候人们就觉得很稀奇。其实，竹子开花是再正常不过的事情，像小麦一生也只开一次花。竹子开花就如同人类的生老病死一样，到了一定的时间就会出现。

竹子开花看似非常平常，其实这是一个非常巨大的工程，要消耗大量的养分，竹子会把各个器官制造的养分都用到开花结果上。这些养分来自根、茎、叶这些营养器官。等竹子开花结实后，根、茎、叶的养分被大量消耗掉了，根会枯萎，叶子凋落，茎也会逐渐萎缩，整棵竹子就死掉了。最终，包含竹子所有精华的种子就会在一个新的早晨、一个新的地方长出一棵新的竹子，焕发出新的光彩。

所以，当你以后看到竹子枯萎的时候，不必伤心，它其实是在孕育一个新的生命。

▲ 竹子开花

为什么雪莲不怕严寒

在金庸先生的武侠小说中有一种叫作“天山雪莲”的神奇名药，有起死回生之效。现实生活中，雪莲的作用虽然没有小说中说得那么夸张，但经医学检测，雪莲中含有的营养成分对人体是非常有好处的。雪莲生长在中国天山和西藏海拔 4500 米以上的高山上，那里的山顶终年积雪，环境异常恶劣。在唐朝时期，人们就曾用“耻与众草之为伍，何亭亭而独芳！何不为人之所赏兮，深山穷谷委严霜”这样的诗句来赞美雪莲傲风斗雪、不畏严寒的品质。

高山上的环境比我们想象的要恶劣得多，那里有猛烈的寒风、强烈的紫外线，每一项对人类来说都是非常严峻的挑战，更别说是对娇嫩的花朵了。雪莲拥有什么样的“法宝”能够使自己在这样恶劣的自然环境中生存下去呢？原来雪莲的叶子贴着地面生长，叶子上长满了白色的茸毛，如同给雪莲穿上了一件厚厚的衣服，这件“衣服”还有一项特殊的本领，它不仅能够遮挡强烈的紫外线，而且它吸收阳光热量的能力很强，确保了雪莲不被冻坏。雪莲的花也穿着数层膜质苞片组成的“衣服”，这防止了雪莲水分和热量的散失。此外雪莲的根也特别发达，能穿透厚厚的岩石深入地下吸收水分和养料，保证了雪莲的生长。

每年的 7 月，雪莲盛开，雪莲的这些特性使得雪莲花成为雪域高原上一道亮丽的风景。

为什么铁树开花很难

在人们的印象里，铁树好像是不会开花的植物。可实际上不是这样，铁树本来同一般的植物一样，到了一定的年龄它就会每年开花。在中国重庆有一棵铁树，从 1929 年开始，一直到 1945 年，一连 16 年，年年开花。在广东、云南一些地区，也有很多铁树连年开花。铁树的雌花和雄花通常不开在同一植株上。雄花呈松球状，初开时是鲜黄色的，然后逐渐变成褐色。雌花由密布着软毛的孢子叶组成，初开时是灰绿色的，然后也渐渐变成褐色。

铁树属于热带植物，由于习惯了热带温暖的气候，因而非常害怕寒冷的天气，气温稍低一点，它就不会开花了。就如同“橘生淮南则为橘，生于淮北则为枳”的道理一样，铁树是对环境挑剔的植物，中国处于北半球，大部分地区都属于温带气候，提供不了像热带那样充足的阳光。所以长江以北的铁树很难种活，除非冬天把它养在暖房里；在南方种的那些铁树，它们也不常开花，连个子都变得十分矮小。铁树开花十分罕见的另一个原因可能是铁树的花不起眼，大家对它的花视而不见。铁树的花开在茎干的顶端，通常不容易被观察到。

为什么王莲的叶子可以载人

如果有人说，有种植物的叶子上可以载一个人，你可能不会相信。但世界上的确存在这种植物，它就是拥有巨大叶子的王莲。它的叶子直径有 2 ~ 3 米，硕大的叶子漂浮在水面上跟一个大盘子一样，上面载 30 千克的物体都不会下沉，这样的叶子举世无双，又大又有力气。这其中到底有什么秘密呢？

原来王莲朝上的一面非常光滑，它与水接触的背面却出人意料地非常粗糙，整个背面被粗壮的叶脉给覆盖住了，它们排列有序，如同一座铁桥的钢架结构。这些叶柄和叶脉上长满了刺毛，每一个都有钉子那么粗。它的背面除了有坚固的叶脉结构外还有密集的坑窝，里面充满了气体，使得王莲的负重能力更强了。王莲跟普通的荷花很像，但个头却是普通荷花的好几倍，就连花朵和种子都比普通的荷花大许多，每一个王莲的果实里面差不多有两三百粒种子，种子里含有大量的淀粉，被人们形容为“水中玉米”。王莲的花也跟平常的花不一样，不但会变色，还有自己特别的“作息规律”，第一天开白花，到第二天晚上就变成深红色了，每天都有规律地傍晚开放、白天闭合。

▼ 王莲

滴水观音为什么会滴水

滴水观音白色的花亭亭玉立，宛如一尊站立的观音菩萨，当空气和土壤中的水分含量大时，叶片就会向下滴水，滴水观音的名字就是由此而来。

那滴水观音为什么会滴水呢？原来，植物叶片上有“气孔”和“水孔”之分，大多数情况下，植物吸收的多余水分都会以汽态的形式从气孔挥发出去。如果外界的温度过高，空气中水分含量多，体内多余的水分就会以液态的形式从水孔流出来。植物这种将体内多余水分通过水孔排出体外的现象叫“吐水”。特别是到夏季，气温升高会使植物的根吸收水分的功能增强，水分就会在叶面上凝结成水珠，顺着叶面滴下来。天气干燥的时候，多余的水从水孔排出来很快就被蒸发了，所以我们看不见叶片上有水滴滴下来。

“吐水”也可以作为一个判断植物生长情况的指标，植物生长旺盛，根的吸收活动增强，“吐水”也会增多。“吐水”现象并不是滴水观音所特有的，许多植物其实都有这种现象。滴水观音茎内的汁液是有毒的，因此滴水观音滴出的水，大家可千万别喝，如果误食就会造成咽喉的不适。

夜来香只是夜里香吗

常言说得好“花不晒不香”，说的是花朵必须经过太阳晒，花瓣里的芳香油才能散发出来，然而夜来香却不是这样。你在白天闻到过夜来香的花香吗？一定没有过吧！因为夜来香只有在晚上才会放出浓浓的香味。这是为什么呢？

夜来香花瓣里的芳香油是和一种糖类结合在一起的，不能以游离状态挥发出来。这些芳香油需要一种水解酶才能被分离出来，水解酶需要水，只有水才能使它活跃起来，把芳香油和糖类分离开来。夜来香花瓣上的气孔随着空气中湿度的增大而增大。夜晚

▼ 夜来香

的湿度比较大，温度也比白天低很多，夜来香中的水解酶就非常活跃，和糖类结合在一起的芳香油就不断地被分离出来，芳香油散发到周围的空气中，我们就闻到香味了。夜来香在夜间香的另一个原因是为夜来香传粉的飞蛾在夜间才出来活动，夜来香在夜间靠自己发出来的浓浓香气吸引飞蛾来为自己传送花粉。所以，我们把它叫作夜来香还真是名副其实呢。

百岁兰为什么永不落叶

冬天来临，在我们周围除了常绿的四季青，大多数植物的叶子都被凛冽的寒风一扫而光。常绿的树木也不过是交替落叶才显

▼ 百岁兰

得表面上常绿而已。但在安哥拉靠近海岸的一片沙漠中，有一种神奇的植物，它的叶子常青不落，寿命甚至可长达百年，人们都称它为“百岁兰”。

百岁兰叶子底部的部分非常厚，而叶尖的部分却非常薄。它一生通常只生长两片叶子，每片叶子通常长达 3 米左右，宽 0.5 米左右。两片叶子对立着生长。它的两片叶子一旦生长出来，就不再长其他的新叶子，这两片叶子跟随着它生长一生。沙漠中严峻的环境会使植物叶子的形态发生变化，叶子通常都变成针状来减少自己体内水分的散失，比如仙人掌的叶子就变得非常细小。百岁兰的叶子却变得又厚又大，它是怎么保持自己体内水分的呢？首先，百岁兰的根系非常发达，能够吸收大量的水分保证自己的生长所需。到了晚上，海边的雾气在叶子上形成的露水就会被叶子吸收。这样一来，即使生活在酷热干旱的沙漠，它都有办法保持自己体内的水分，使叶子保持旺盛的生命力。百岁兰这种特殊的身体结构使得它的分布范围非常狭窄，只有在靠海的沙漠中才能找到。

小贴士

百岁兰堪称远古时代留下来的一种植物“活化石”，非常珍贵。

含羞草为什么会害羞

如果你轻轻地碰触含羞草的叶子，它就会立即害羞似的把叶子收拢，如果你再碰一下，它的整个叶柄都会垂下来。

含羞草的这种反应是它受到触动之后一种保护自己的行为。我们观察含羞草的结构可以发现，含羞草的叶子与叶柄还有叶柄与茎之间都有一个圆鼓鼓的结构，这个结构叫作叶枕。叶枕里面有许多薄壁细胞，这种细胞非常敏感，一受到外界的刺激，细胞内的细胞液就开始从细胞内向细胞间隙流动，这样一来细胞就干瘪下来，叶片就表现出闭合的现象。两三分钟之后，细胞液就会

▼ 含羞草

回流，叶片就会恢复以前的样子。

含羞草的原产地是南美洲的巴西，那里经常出现狂风暴雨，如果不能在风雨来临之前把叶子合拢起来，那它娇嫩的叶片和植株就会受到严重的摧残。所以，含羞草的这种“害羞”实际上是一种经过长期适应环境而形成的保护反应。此外，含羞草还能用来帮助人们识别天气。当没有人触动它的叶子，它的叶片出现自然下垂和合拢的情况时，这就预示着马上要下雨了。如果它的叶子自然地舒展开来，说明将是一个大晴天。

“啤酒花”和啤酒有没有关系

人们酿造啤酒已经有上千年的历史了，人们在没有使用啤酒花来酿酒时，酒的颜色总是浑浊不清的，而且非常影响口感。1079 年，德国人在酿酒时首次使用啤酒花。之后，人们对啤酒清爽稍带苦味的味道欲罢不能，啤酒就在世界上流行起来。如今，啤酒花已成为酿造啤酒时必不可少的原料，被誉为啤酒的灵魂。

啤酒花学名叫“忽布”，是一种多年生的草本植物，通常在秋季开花。花朵都由鳞状的苞片包裹着，苞片内各藏着两个果实。啤酒花能使啤酒散发出独特的清香，秘密就是它的花和果实外都布满了黄色粉状的香脂腺。香脂腺里含有少量的芳香油，啤酒独特的清香就是因为它。香脂腺里还含有少量的苦味素和单宁。苦味素会让啤酒产生特有的苦味，啤酒的这个苦味入口后会很快地

▲ 啤酒花

消失；单宁能够消灭在啤酒发酵过程中产生的乳酸菌和酪酸菌，还能将啤酒原料中的蛋白质进行沉淀，把它过滤掉，啤酒因此才能透亮无比。啤酒花还有天然的防腐效果，所以啤酒中就不需要再添加额外的防腐剂了。

圣诞花的“花”是哪个部分

圣诞节是西方国家最盛大的节日。红、绿、白三色被人们定为圣诞色，圣诞老人的衣服就是红、白两色。到了圣诞节，家家户户都要用红、绿、白这三色装点自己的家。在圣诞节有一种被用来摆放的著名红色花卉——圣诞花。它最上面的叶子为红色，与下面绿色的叶子相衬非常好看，也呼应了圣诞节的欢乐气氛，因此人们送给它一个好听的名字——“圣诞花”。许多人都以为圣诞花被观赏的部分就是它的花，其实那只是它变态的叶子，所以圣诞花也叫“叶子花”。每年 12 月份圣诞节前后，圣诞花就会长出红艳艳的叶子，簇拥在枝头，形似花朵。圣诞花真正的花朵藏在那些红色叶子中间，是一种鹅黄色的小花。不过，它们太小，颜色太淡，一点儿也不起眼。

圣诞花是虫媒花，需要有昆虫帮忙传粉。但是圣诞花花朵比较小，色彩不够艳丽，很难吸引昆虫。不过，它的叶子主动变态，变成鲜艳的红花模样，从而吸引了昆虫前来传授花粉。

红艳艳的圣诞花虽然好看，却是有毒的。它的茎里含有许多种有毒的生物碱，人的皮肤与它稍有碰触就会出现红肿现象，如果误食的话就需要赶紧送医院处理。所以家长们应将这种花摆放在儿童不容易够到的地方，免得他们误碰误食。

为什么“石头”也会开花

人们常用石头开花来形容一件事情非常难办。可是大千世界无奇不有，在非洲的热带沙漠地带中仙人掌聚集的地方，你常常会看到一些奇怪的石头上开着鲜艳的花朵。在这片雨季短暂、旱季较长的广袤大地上，一般的植物承受不了高温和长期的干旱，很难生存。但这里生长着一种神奇的多浆草本植物，模样长得如同石头一般。这些植物怎么会长成石头的模样呢？这些似石头的植物为了适应干旱的气候，整棵植物的茎和叶都退化了，身体变

▲ 生石花

成圆鼓鼓的，似鹅卵石，连颜色都跟鹅卵石像极了。它不仅形如石头，还喜欢与砂砾为伴，要是离开了这种环境就很难活命。这些“石头”植物可不是硬邦邦的，它们身体里面储存着大量的水分，跟水壶一样，这些水分使它们在干旱条件下也能生长开花。另外，它们石头般的模样还能蒙骗动物，避免被动物吃掉。

这些开花的“石头”，它们金黄色的细花瓣极像野菊花。“石头”的花都开在茎的顶端，每颗“石头”只开一朵花，花期也非常短，连24小时都不到。人们给这些花朵起了一个非常好听的名字叫“生石花”。现在，世界上许多植物园都有这种植物，你如果有兴趣，就不妨去植物园看看这些生石花。

第四章

国花里的文化

奇妙的花朵，神奇的世界，花朵们在生存中展现的奇幻魔力让我们惊奇不已。它们依靠这些神奇的特长为自己赢得生存的空间。当它们绽放出美丽的花朵来为自己传粉时，殊不知它们不仅给人们带来悦目的视觉享受，还给人们带来无限的精神愉悦。

花朵由于自身的魅力和特点获得了特别的雅号，比如“花中之王”“花中皇后”“花相”，俨然是一个“花朵王国”。在世界几千年的文明史中，不同的国家和地区的人民偏爱不同的花朵，并推举出各自的“国花”，留下了许多佳话，也反映出不同地域

文化的传承与弘扬的轨迹。国花一般对一个国家的文化别具意义，或代表民族精神，或象征美德精华，都是人民美好向往的寄托，凝聚了浓郁的民族感情，因而得到高度重视。

大丽花是哪个国家的国花

大丽花又名大丽菊、天竺牡丹、细粉莲和东洋菊。大丽花是常见的观赏花卉，原产于墨西哥，是墨西哥的国花。

大丽花高 1.5 ~ 2 米，叶子大而光滑；花朵颜色很多，常见的有红色、黄色、橙色、白色、紫色等。大丽花的花朵很像牡丹，但是比牡丹大，形状也有很多种。其花瓣有的是球形的，有的是扁长的，还有的是扭曲的。大丽花的品种很多，现在世界各地都有种植，是很有名的园林花卉，中国 100 多年前开始引进，现分布广泛。大丽花的繁殖方式通常有扦插、播种和块根繁殖三种。

全世界有 3 万多种大丽花，人们还在不断培育新的品种。根据花朵的大小，可以分为大型花、中型花和小型花，其中小型花一般和牡丹大小相近；根据花瓣的特点，又可以分为单瓣和重瓣两种。

大丽花一般长在向阳、湿润而且排水良好的地方。它有一块粗大的肉质根，这种根长期泡在水中容易腐烂。大丽花适应多种气候和土壤。在温暖的南方，它的开花时间超过半年，一般春末夏初开始开花，一直持续到秋天。只要条件适宜，全年都可以开花。大丽花的根含有丰富的菊糖，在医学上和葡萄糖有相同的功效。大丽花整株都可以入药，具有清热解毒的疗效。

▲ 大丽花

你知道雏菊是哪个国家的国花吗

雏菊原产于欧洲，又名延命菊，是菊科植物中花朵最小的一种，植株也很小，花朵中央簇生着黄色的管状花，周围是色彩鲜艳的舌状花瓣。颜色有白色、淡红色、紫色等多种。雏菊一般在早春 2 月开花。当春天刚刚来临，别的花朵还没有开放，美丽的雏菊就绽放了。它黄色的花朵甚是抢眼，一下就让人们感受到了春天的气息。它的花一直要开到 5 月份。雏菊的花朵娇小玲珑，天真烂漫的风采深得意大利人的喜爱，因而被推举为意大利的国花。

虽然雏菊是意大利的国花，但并不是所有的菊科植物都得到

▲ 雏菊

意大利人的喜爱。意大利人其实忌讳菊花，因为菊花是悼念故人常用的花，因此，菊花在意大利被视为“丧花”。如果你想给你的意大利朋友送鲜花，切忌送菊花，也不能送带有菊花图案的礼品。

都铎玫瑰为什么是英国的国花

在 15 世纪时，英国的兰开斯特家族和约克家族的支持者为了英格兰王位而进行了英国史上著名的“玫瑰战争”。这场战争整整打了 30 年，取而代之的是都铎王朝。这个王朝的开明作风，给英国的经济和文化各方面带来了兴盛。“玫瑰战争”并不是当时所用的名字，它来源于两个皇族的家徽，兰开斯特

▲ 伦敦黑衣修士桥边的雕塑，装饰着都铎玫瑰

家族的红玫瑰和约克家族的白玫瑰。为了纪念这场战争，英格兰以玫瑰为国花，并把皇室徽章改为红白玫瑰。英国的国花叫都铎玫瑰，是红白两种玫瑰合在一起的白蕊的红玫瑰，在自然界是没有的。

红玫瑰象征爱情，是世界通用的花语。相传是爱神为了救她的情人，跑得太匆忙，玫瑰的刺划破了她的手脚，鲜血染红了玫瑰花。红玫瑰因此成了爱情的信物，是世界各地男女之间表达情意的花朵。玫瑰花色泽艳丽，通常在 4 ~ 8 月份开花。在英国的玛丽皇后玫瑰园里有 400 多个名贵的玫瑰品种，展示着各种玫瑰的艳丽风姿，吸引了世界各国的玫瑰爱好者。由于玫瑰与月季花形、花色很近，人们常常把它们搞混淆。其实它们还是有很大的不同的，比如，玫瑰的刺是针刺，用手取不下来；而月季是棘刺，刺仅与表皮连接着，是可以掰下来的。

你知道金合欢是哪个国家的国花吗

如果你到澳大利亚去，你会看到这个国家的街道、庭院、广场、建筑物的周围，到处都是用金合欢栽成的行道树或绿篱。人们的庭院不是用墙围起来，而是用金合欢做刺篱，种在房屋的周围，开花时，犹如一道道金色的屏障，非常美丽。在全世界大约有 1300 种金合欢，其中约 960 种原产于澳大利亚。澳大利亚土著人把金合欢的种子作为食物。土生土长的金合欢金黄多姿、端庄典雅，深受澳大利亚人民的喜爱。早在 1910 年，澳大利亚人就把每年的 9 月 1 日定为“金合欢日”。这一天，澳大利亚人都会摘一枝金合欢挂在自家的门上，男人将它插在帽子上，女人将它戴在头上。在澳大利亚的国徽上，背景就是澳大利亚的国花金合欢。1988 年，澳大利亚联邦正式将其定为国花。

金合欢在每年 8 月到 10 月开花。花朵开放时，金黄的花朵聚在一起，好像一团团金灿灿的丝绒球，赏心悦目，因此人们又叫它绒花树。金合欢全身都是宝，坚硬的枝干是制造贵重家具的不二之选，树皮内含有的单宁作为黑色染料非常受市场的欢迎，茎中流出的树脂可以入药，芳香的花还可提炼芳香油，是做高级香水及化妆品的原料。

▲ 澳大利亚国徽

你知道智利的国花是什么吗

对智利人来说，找到一种能够代表国家精神的花朵可能并不是一件容易的事情。了解智利历史的人都知道，当时生活在智利的阿拉乌加诺人为了反对西班牙殖民者的统治而奋起反击，虽然在反抗的初期卓有成效，最终却因叛徒的出卖而被镇压。这种复杂的历史带给智利人的文化影响也是极其深远的，这让他们尤其看重独立与自由，那么哪种花卉才有这样的象征意义呢？

让我们再次回到历史中去。在反抗斗争失败后，漫山遍野的红色百合花开在了被鲜血染红的地方。人们认为，这里的百合花之所以是红色的，正是因为英雄们用自己的鲜血将蓝色、白色的百合花染成了红色，人们称之为“戈比爱”。在智利最终取得国家独立之后，人们为了纪念民族英雄，便把“戈比爱”奉为智利的国花。在今天智利的国徽上，那美丽的花束便是红色的百合花——“戈比爱”。它的花期通常在3个月左右。

更有趣的是，当一位西班牙学者于1780年发现了“戈比爱”之后，把它带到法国，想种植在宫廷的花园之中。可是无论如何精心培育，“戈比爱”一离开智利便无法生存，这让很多科学家匪夷所思。智利人认为，这种结果的出现正说明“戈比爱”与智利人一样，深爱着自己的故土，寸步不离，一旦离开就会以死来表达自己对国家的无限忠诚。

鸢尾花为什么是法国国花

在浪漫国度法国，那里的花朵几乎活跃在人们日常生活中的每一个角落。可是，你知道哪一种花“有幸”被奉为法国的国花吗？答案就是香根鸢尾花。

“鸢尾”一词来自希腊语，意思是彩虹。人们常常以为香根鸢尾就是百合花，但事实上，前者只有3瓣花瓣，外围的那3瓣只是为了保护花蕾的萼片而已，并不是真正的花瓣。所以，香根鸢尾与百合花是不一样的。

一般我们见到的鸢尾花比较多的是蓝色、蓝紫色，还有白色

▲ 白色鸢尾花

的鸢尾花。白色的鸢尾花异常名贵，它也被称作佛劳伦斯鸢尾。在法国，人们认为白色的鸢尾花代表着光明、纯洁与庄严，体现了自由的法兰西民族精神。在法国之外，以色列人则更为偏爱黄色的鸢尾，这是因为黄色的鸢尾看起来有“黄金”的象征意义。在世界上，鸢尾花的品种有近 300 种，每逢五月花开之时，引蝶翩舞无疑是最美的景象。

你知道西班牙的国花是什么吗

在西班牙，石榴花随处可见。石榴花通常开于初夏，无论是在高原之上、山地之中还是城镇之内，凡是有人迹存在的地方都

▲ 石榴花

能够看到它们的身影，你知道这是为什么吗？

原来，在西班牙，石榴花不仅深受人们的喜爱，它甚至被西班牙人奉为国花，加以爱戴。相传在两千年前的西班牙，当时的玉晶公主爱上了一个身无分文的穷小子。起初，国王为了阻止自己的女儿嫁给一个穷人，便下令将穷小子发配到遥远的地方，不准他与自己的女儿相见。可是，刑罚并没有挡住公主对爱人的思念，她常常在自己的花园里流泪低语。日复一日的眼泪洒落在假山旁的石头上，一年以后，公主因为过度的思念而香消玉殒，而被眼泪浸润过的石头旁则长出了一棵树。这棵树能够开花，花朵像火焰一般红艳夺目，还能结出果子。由于这棵树生长在石头的边上，这棵树也就被人们称为石榴树。公主的遭遇得到了人们的同情。人们认为石榴籽是公主的眼泪变成的。为了怀念玉晶公主，人们将石榴树世代留存下来，并把石榴花奉为西班牙的国花。

在中国境内，石榴花的身影也是十分常见的。早在张骞出使西域的时候，他就将石榴籽带了回来，它们从此在中国生根发芽。人们也十分愿意种植石榴树，因为它倩美的身影与繁多的硕果象征着家族的兴旺。而且，石榴树的寿命也很长，一般可以活到百年以上。

矢车菊为什么是德国的国花

在欧洲，德国可谓最为重要的花卉生产国之一，也是世界上最大的鲜花进口国。严谨懂礼的德国人对鲜花十分热爱，他们常用鲜花来向他人表达自己的情感，更用鲜花来寄托自己对他人的美好祝愿。在这样花卉繁多的国度里，你知道哪一种花卉被德国人奉为国花吗？

被德国人奉为国花的就是矢车菊，这种花朵深受德国人的喜爱，在德国的很多地方都能够找到矢车菊的身影，无论是在山野荒郊，还是在城市人家的苗圃花园，矢车菊对于德国人来说都不是陌生的。

当然，这些还不足以让矢车菊成为德国的国花，更重要的是德国人认为矢车菊所象征的意义，是与日耳曼民族爱国、乐观、顽强、简朴的品格相一致的。在德国，众多文人墨客都以矢车菊为创作对象，赋予它新的艺术感染力和启发力。在再创造的过程中，矢车菊也具有了小心谨慎、勤奋认真、努力奋进的精神，而这种精神也是德国人所不断追求和学习的。

在很久以前，矢车菊仅仅是一种野花，但是经过人们辛勤的培育之后，现在的矢车菊已经拥有了很多颜色，如白色、紫色、蓝色、浅红色等。同时，矢车菊也是爱沙尼亚的国花。

在德国还流传着一个19世纪中期普鲁士国王威廉一世的母亲路易斯王后与矢车菊之间的故事。据说内战时，他们在逃跑的途中车子坏了，在等待时发现了身边的矢车菊，王后用矢车菊做了一个花环戴在威廉一世的胸前。后来，威廉一世成为统一德国的第一任国王，他难以忘记花环的故事，认为矢车菊是他的吉祥之花，因此在国内大力种植矢车菊。

你知道日本的国花是什么吗

日本的国花是樱花。每逢春光明媚之时，整个日本列岛的樱花树就会开花，绚丽多姿，异常美丽。因此，日本也被誉为“樱花之国”。在日本的神话传说之中，有一位叫作木花开耶姬（樱花）的姑娘用了半年左右的时间，历经冬夏、自南而北走完了整个日本，她在每一寸经过的土地上都撒下了樱花的种子。正得益于此，每到了樱花盛开的季节，整个日本都被笼罩在樱花的世界之中。在每年的3月15日至4月15日的樱花节期间，都会有大量的游人涌入日本，共同欣赏美丽的樱花。

樱花从开放到凋谢大概只有一周的时间，这也就有了“樱花七日”的说法，而一棵樱花树从盛开花朵到终归冷寂，也只有 16 天左右的时间。由于樱花开花时间的先后有差别，因此樱花在开花的过程中也极易出现边开边落的情景。正是这一个重要的景象才让樱花被奉为日本的国花。这是因为日本人认为人生短暂，正如樱花一样，但是，虽然时光短暂，人们依然要有樱花绚烂开放的精神。更重要的是，樱花落地时悄然无声、纯净圣洁的特点也与日本盛行的武士道精神相符合。

到目前为止，日本所拥有的樱花已经有 300 多种，其中八重樱尤为珍贵，每当盛开之时，总会吸引各个地区的人前来观赏，政府首脑也常常愿意在此时会见外宾，向外宾介绍有关樱花的故事。

▼ 樱花

你知道美国的国花是什么吗

你知道美国的国花是什么吗？对于这个问题，美国人也经历了长期的争论。大家曾经想要将金盏菊定为美国的国花，这是因为在整个地球上，金盏菊仅仅生长在北美洲的土地上。在美国广袤的土地上，50 个州都种植这种花。不过，这个提议并没有被通过。到 1986 年的时候，国会众议院决定将玫瑰定为美国的国花，你知道这是为什么吗？

我们通常都把玫瑰定义为爱情的象征，其实除此之外，玫瑰还象征着和平、友谊、勇气和献身，他们希望用这样的花朵来象征着美国人民奋斗的精神，他们认为玫瑰能够很好地诠释美国精神。

小贴士

在被誉为“玫瑰之国”的保加利亚，每年六月初的第一个周日，人们都要举行盛大的仪式来庆祝传统节日——玫瑰节。盛产玫瑰的保加利亚也把玫瑰用到了日常的生活之中，早在 17 世纪，人们就开始从玫瑰中提炼精油，到了今天，这里玫瑰精油的产量占到了世界总产量的 40%！

新加坡为什么选万代兰作为国花

新加坡人热爱花的程度丝毫不亚于任何一个国家，在那里，花草几乎遍植于城市的每一个角落之中，如果我告诉你新加坡的国土面积只有 700 多平方千米的话，你猜猜它们的植物园面积有多大呢？答案是 74 公顷（0.74 平方千米），这个数字对于面积小小的新加坡而言简直是不可思议的。关于这座充满着“色彩”的国家，你知道它的国花是什么吗？

▼ 万代兰

卓锦·万代兰在新加坡就是一张国家名片，它是新加坡的国花，它的形状十分奇特，绽开的四片唇片，象征着新加坡马来语、英语、华语和泰米尔语四种语言的平等。花朵中间还有伸展出来的一个雌雄合体的萼柱，象征着幸福的根源所在。在卓锦·万代兰的花被下面，有两个遥相对望的裂片拱扶着，和谐共处的画面象征着新加坡人甘苦与共的精神。在花的唇片后方，如果你仔细观察的话，能够发现一个小角，里面有甜甜的蜜汁，这美好的细节也象征着财富的汇集。除此之外，把萼柱上的花粉盖揭开，里面有两个长得很像眼睛的花块，它象征着新加坡人高瞻远瞩。花茎攀缘向上，意指民族的发达与兴旺。花开花谢的过程又完美地诠释了民族命脉的源远流长。

卓锦·万代兰其实是与胡姬花同种的，也就是东南亚人口中的胡姬花。卓锦·万代兰由西班牙人爱尼丝·卓锦女士培育而成。

坦桑尼亚为什么把丁香花作为国花

在茫茫的印度洋中，有一个被人们称为“世界上最香的地方”的小岛。顾名思义，这里的香必定与花卉有着密不可分的关系。的确，在这个属于坦桑尼亚的奔巴岛上，逾 360 万株丁香树生长在只有 980 平方千米的土地上，这样高密集度的种植在世界上实属罕见。

当然，高密度的种植也给这里带来了“丁香之岛”的美誉，它与坦桑尼亚的桑给巴尔岛所产的丁香总量，占国际市场总量的80%。当地的居民将丁香树称作“摇钱树”，这是因为在参与市场交流的情况下，丁香收入曾占到了政府总收入的96%以上，是名副其实的“摇钱树”。坦桑尼亚人对这种芬芳美丽的花朵极为喜爱，它同时也被人们奉为坦桑尼亚的国花。

虽然丁香在坦桑尼亚已经极负盛名，但是丁香原产地却不在这里。原来，丁香的原产地位于印度尼西亚的马鲁古群岛，在17世纪的时候，荷兰殖民者掠夺了印度尼西亚，他们为了独霸市场，下令只许在马鲁古群岛中的两个地方种植丁香，其余丁香全部被砍光。一个世纪以后，法国的殖民者又希望打破这种垄断的局面，就想方设法把丁香苗运到印度洋的毛里求斯等岛屿种植。随后，欧洲殖民者就将丁香树转移到坦桑尼亚的桑给巴尔岛，也最终形成了今天的“丁香王国”。

千万不要以为我们日常见到的丁香就是丁香王国里的丁香，我们日常所见的一般是紫丁香和白丁香，而坦桑尼亚所拥有的丁香是热带常绿植被，被称为洋丁香，属于桃金娘科。洋丁香被种植以后，六七年便可以开花结果。它的花蕾像钉子一样，因此被称为丁香。由丁香中生产出来的丁香油和丁香酚是很多化妆品的主要原材料；而在很多牙科医生的手中，它也能够作为镇痛剂来使用。

巴西的国花是什么

在南美洲的大陆上，有一片亚马孙河流经的面积最大的国土，没错，那里就是巴西。独特的地理位置让这里形成了雨水丰沛、气候湿润的特点，正是这个原因，生长在这里的植物具有了得天独厚的生长条件，花卉的品种也就格外繁多。在这些争奇斗艳的花朵之中，毛蟹爪兰被巴西人奉为国花，并且深受巴西人民的喜爱。巴西人民格外钟爱毛蟹爪兰，因为它的花朵十分美丽，给人以清丽端庄之感。它的花十分大，象征着巴西人民高瞻远瞩；花瓣的坚实象征着巴西人民坚毅刚强的性格；善于变化的颜色则象征着巴西人民不畏困难的精神。

毛蟹爪兰是生长在热带雨林中的一种附生植物，茎能够分出许多的分枝，每一根枝条又由若干个节构成，每节的形状就像是一个椭圆形，多节连贯在一起就长成了蟹爪的形状，这也是它得名的原因。古老的毛蟹爪兰发展到今天已经被园丁培育出 200 多个优良品种，它们的花期还算长，一般是从 10 月份到第二年的 3 月份，花朵的颜色以白色、红色和紫色居多。

巴西曾将毛蟹爪兰馈赠给中国，丰富了中国的花卉品种。

瑞士的国花是什么

在著名的阿尔卑斯山上，生长着一种非常不起眼的植物，当地人称它为“也得怀”。它的长相十分奇特，全身长满了白色的茸毛，特别是花朵两边的苞片，就像是棉絮堆成的毛毯一般，软绵绵的，让人看着心里就充满了温暖的感觉。这种看起来白绒绒的花朵也就是我们通常所说的雪绒花，它就是瑞士的国花，学名叫高山火绒草。

据科学家统计发现，火绒草大概有 40 个种类，主要分布在亚洲和欧洲的阿尔卑斯山脉附近，雪绒花是其中一种。瑞士人民喜欢雪绒花并非是因为它的美丽非凡，而是因为这种花非常难以

◀ 火绒草

得到。雪绒花的生存环境极为“艰辛”，它们大多生长在海拔1700 米以上的阿尔卑斯山脉上，而且只生长在岩石的地表上，数量非常稀少。因此，雪绒花被瑞士人认为是不求奢华、不畏艰险、傲立冰霜的象征。在瑞士的国防军服上、驻外使节的礼服上以及馈赠外宾的礼服上都能够见到雪绒花的图案。

雪绒花除了被瑞士奉为国花，它也是奥地利的国花。在奥地利，雪绒花象征着勇敢，这是因为想要得到生长在“困境”之中的雪绒花是十分困难的，因此那些得到了雪绒花的人都被奉为勇敢者的化身。

你知道新西兰的国花是什么吗

很多国家都有自己的国花，新西兰也不例外，新西兰人将银蕨奉为国花，你知道这是为什么吗？

银蕨其实是一种孢子植物，并不会开花，也就是说银蕨的繁殖是需要依靠孢子的。在毛利人的生活圈中，他们把银蕨新长出来的弯曲的嫩蕾称为“初露”。他们认为银蕨原本是在海洋里居住的，后因受到了新西兰人的盛情邀请，才来到森林里生活。邀请银蕨的原因就是利用银蕨来指引毛利的猎人和战士回家的路。这是因为银蕨树叶的背面是银闪闪的，当有光亮反射时，就会形成一条“灯带”，就像高速公路上的“反光带”一样。悠久的历史传统让新西兰人认为银蕨能够指引他们继续前进，代表

▲ 银蕨

了新西兰的民族传统和精神，所以这种植物也就成为新西兰的国花。

在新西兰人的生活环境里，银蕨是人们普遍喜爱的图案，无论是各种食品还是人们胸前所佩戴的襟章，我们都很容易找到银蕨的身影。你知道它长的是什么样子吗？银蕨的叶子其实长得特别像含羞草，树也不高，大概在一米左右。银蕨对自己的生存环境要求很高，坐拥温带海洋性气候的新西兰无论是在温度上还是湿度上都为银蕨的生长提供了良好的条件。银蕨的茎和皮纤维可以用来做造纸的原料，它本身也能入药，具有清热、凉血、利尿的功效。

第五章

植物园里的草儿们

植物园里最不起眼的估计就是那些草儿了，没有树高，没有花香，但缺了它们，就少了很多绿意和生机。草一般指草本植物，即茎部是草质的植物，它们在白天吸收二氧化碳，释放氧气。它们的茎叶可以吸附空气中的灰尘，起到净化空气的作用。植物园里的草儿们还有什么奇妙之处呢？

香蒲是不是很香

香蒲，又有蒲草、蒲菜等别名。香蒲并不是很香，之所以被称为香蒲，是由于它的叶子带有淡淡的清香。它的穗状花序呈蜡烛形状，因此也被称作水烛。

香蒲的茎为乳白色，越往上会越来越细，一般有 1.3 ~ 2 米高。香蒲的叶片通常是长条形的，直立在茎的周围，有 0.4 ~ 0.9 厘米宽，表面非常光滑。

香蒲喜欢气候温暖、阳光充足的生长环境，通常生长在沼泽、池塘、河滩、湿地和其他湿润的地方。香蒲主要分布在温带和热带地区，是一种常见植物。中国大约有 10 种香蒲，南北方均有分布。

宽叶香蒲是比较常见的品种，主要生长在北半球气候温和的地方以及非洲部分热带地区。它甚至能长到约 4 米高，开花的部分会变大，形成长形、褐色的穗。

香蒲的用途也非常多，是一种很重要的经济作物。香蒲的外观很美，可以用来装饰园林和池塘，还可以用作装饰

▶ 香蒲

品；香蒲的根部含有大量淀粉，可以食用；幼叶基部可以作为蔬菜食用；花粉可以当作药的原材料；叶片能编织成垫子和椅子座面，也可以用来造纸。总之，香蒲是一种浑身是宝的水生经济植物。但是种植得过度茂密的香蒲会阻塞沟渠水流的畅通。

唐菖蒲为什么被称为“切花之魁”

唐菖蒲也被称作剑兰，具有大而且柔软的花朵。它的茎形态多姿，它的花朵雍容优雅，因此常被人们切取下来用以制作花篮、花束、花环等装饰物，与切花月季、康乃馨、扶郎花一起并称为“世

◀ 唐菖蒲

界四大切花”。而唐菖蒲又在其中位居“切花之魁”。

唐菖蒲的花朵有很多种颜色，有白色、紫色、黄色、红色和橘色等，而蓝色的仅仅生长在南非。除了这些单色的花外，唐菖蒲还有复色的花。唐菖蒲的花朵看起来像彼此堆砌在一起的花串，花冠筒呈漏斗状，底部的花首先开放，其他的花则随之陆续绽放。

唐菖蒲是从一种种植在地里面的球茎中生长出来的。春天时如果栽种一粒母球，到了秋天就可以收获一个或更多个两厘米以上的新球茎。此时，应该把球茎从地下挖出来放在温室内保存。等到第二年春天，再把它种植到地里。

唐菖蒲的原产地是南非，不过目前在世界范围内已经被广泛种植。

狗尾草和狗有关系吗

狗尾草得名于它的穗形状像狗尾，除此之外，它与狗实在是没有关系了。

狗尾草属于一年生草本植物（一年生植物是指那些在一年之内完成生长、开花、结果，之后死亡的植物），又被称为绿狗尾草、谷莠子、狗尾巴草。

狗尾草一般高 30 ~ 100 厘米。它的秆部一般比较笔直，丛生。叶片呈椭圆形，叶鞘比较松弛，但是很光滑，鞘口有细细的毛。圆锥花序整体呈圆柱状，或者笔直挺立，或者稍稍弯垂，刚毛通常为绿色、褐色、紫红色或者紫色。小穗呈可爱的椭圆形，长 2 厘米左右，通常是数枚簇生在一起，成熟以后则与刚毛分离脱落。狗尾草的谷粒大都呈长圆形，顶部显得很钝，上面有细点状的纹路。颖果也是椭圆形的，腹面稍微显得有些扁平。

狗尾草的适应性非常强，在中国分布的区域十分广泛，它主要危害谷子、玉米、棉花、花生、甜菜、马铃薯、苗圃、果树等旱作物。它争夺水肥的能力相当强，容易使农作物减产，也是叶蝉、蓟马、蚜虫、小地老虎等诸多害虫的寄主。

狗尾草还可以入药，有除热、祛湿、消肿的功效。它也是马牛羊和驴等草食性动物的美味佳肴，是很不错的牲畜饲料。

为什么不能随意触碰荨麻

荨麻是被子植物门荨麻科荨麻属的一种草本植物，主要生长在北美、欧洲和亚洲地区。

荨麻一般有 60 ~ 100 厘米高。荨麻的叶子在茎的两侧相对着生长，荨麻也会开花，它的花一簇簇地聚集在一起。荨麻的身上长着小尖刺儿，这些刺儿叫作刚毛。如果有人一不小心碰到了荨麻，这些刚毛就会刺进“入侵者”的皮肤之中，并且折断在里面。荨麻的刚毛里面有汁液，这些汁液进入皮肤之后会使人们感到疼痛，并使皮肤产生过敏症状，引起严重的皮炎，甚至起红色的小斑点，因此不能随意触碰它。

荨麻喜欢生长在阴暗的地方，它们的生命力旺盛，生长的速度很快。

很多人都把荨麻当作杂草。其实，荨麻可以作为蔬菜供人们食用，可以像煮菠菜一样来烹饪较嫩的荨麻。荨麻的营养很丰富，它可以为我们的身体补充维生素和蛋白质。人们也常常把枯死的荨麻进行处理后作为饲料喂给动物。很久以前，人们曾把荨麻作为药物来使用，古代的欧洲人还用荨麻的纤维来纺织衣物。

牛蒡是长在牛身上的植物吗

在中国的民间传说中，牛蒡是旁姓老农因牛而发现的一种草，因而被命名为“牛蒡”，并非是长在牛身上的植物。

牛蒡是一种很高大的绿色草本植物，原产于中国，在草原和田地等地方都可以生长。

牛蒡一般可以长到 1.2 ～ 2 米高。牛蒡的叶子是心形的，很宽阔，背面长满了白毛；花是紫色的，形状像管子；果实是椭圆形的，前段有一小束硬硬的毛。

牛蒡是两年生草本植物。第一年，植株上的茎和叶发育生长。到第二年的时候，牛蒡的植株上会开花，结出种子，牛蒡种子的形状就像针一样。当牛蒡的种子落在地面上之后，就会渐渐长成一株新的牛蒡。牛蒡的种子有黏着力，当人和动物靠近牛蒡时，

◀ 牛蒡

人们的衣服或动物的皮毛上就会粘上一些种子。农民们不喜欢田地里有牛蒡，因为牛蒡的种子会缠住牛、羊和马的皮毛。

牛蒡含有丰富的营养物质，包括蛋白质、碳水化合物、维生素、胡萝卜素和钙、磷、铁等矿物质，可以作为蔬菜供人们食用。牛蒡的根、果实等都可以作为药材，有排除体内毒素、滋补调理的作用。牛蒡还可以用来酿酒。

可以编制席子的芦苇是一种草吗

芦苇看起来跟青草很相似，是多年生植物。芦苇通常生活在比较温暖的地方，而且大多生长在水边，一般在浅水、湖泊和河

◀ 芦苇

流的附近都能看到芦苇。

芦苇的茎十分坚硬，而且很高，有的可以达到 3.7 米高。茎的横截面一般是圆形或三角形的。芦苇的根系非常发达，一年可以长 5 ～ 7 米。有的芦苇有叶子，有的没有。芦苇的叶子又细又长，可以长到 20 ～ 50 厘米。在芦苇茎的顶端，芦苇的花和种子就长在棕色的突起中。芦苇一般在夏天或者秋天开花，花是白色的。芦苇一般是一丛丛地生长在一起的。

芦苇的用途很广。鱼可以在芦苇中产卵，有一些鸟把芦苇的种子作为食物，比如野鸭。还有一些动物吃芦苇的根，比如麝鼠。许多鸟类还把茂密的芦苇丛作为自己的家。人们还会把芦苇晒干，用干芦苇来制作草席和篮子。芦苇秆里含有纤维素，所以芦苇还可以用来造纸。芦苇的叶子、花、茎和根都可以入药。点燃的芦苇棒会有烟，是天然无毒的驱蚊佳品。

纸莎草可以当纸用吗

纸莎草是一种水生植物，也称为纸草、埃及莎草等。

纸莎草是多年生植物，常年保持绿色，属于常绿草本植物。纸莎草的外形直立高大，坚硬笔直。它的叶子有 0.1 ~ 0.3 米长，有点像剑鞘的形状，呈棕褐色。叶子的上部是纸莎草细长的茎部，茎部没有叶子，但是茎部很长，一般有 4 ~ 5 米高。在茎部的顶端长有花苞，可以开出 100 多朵小花。纸莎草的花朵像小小的淡紫色扇子，花朵窄长。

纸莎草原产自欧洲南部、非洲北部地区，喜欢生长在潮湿环

▲ 纸莎草

◀ 用纸莎草做的莎草纸

境中，如沼泽、湖畔、溪流岸边等地方。纸莎草喜欢热带或亚热带的高气温环境，要求全年平均气温在二十多摄氏度。纸莎草的种植土壤 pH 值适宜保持在 6.0 ~ 8.5。

古埃及人民发现纸莎草的茎部纤维十分丰富，把茎部的内芯削成长条排列成片，就可以制作成莎草纸（不是现代概念的纸）。古埃及人制造莎草纸的过程是：把纸莎草的茎切成一条一条的，整齐排列放在地上，然后将这些细条敲打碾碎，晒干之后就可以用墨水在上面写字了。古埃及人用纸莎草制造的书写介质是当时主要的书写材料。他们还用纸莎草来制作成垫子、凉席和小帆船的帆等日常生活用品。

猪笼草为什么能吃虫子

猪笼草属于热带食虫植物。食虫植物是一种把昆虫当作食物的奇特植物，例如茅膏菜。猪笼草是食虫植物大家族中的一员，也称雷公壶，因为它的外形很像酒壶。

猪笼草是多年生藤本植物，植株高 1 ~ 2 米。它的茎部攀爬到高树上或者在地面匍匐蔓延生长。它的叶子非常奇特，形状像一个长椭圆形的小瓶子，称为捕虫笼，是猪笼草的捕虫器官，可以用来捕捉昆虫。细长的管状叶子外面由黄绿色渐变到紫色，叶子内部有红色的叶脉，会分泌出一种味道香甜的汁液，吸引昆虫前来品尝。叶子顶部还长有一个笼盖，平时打开等待猎物，捕捉

▲ 掉进猪笼草消化液里的苍蝇

到猎物后会盖上闭合。

捕虫笼的内壁非常黏滑，可以使站在笼口的昆虫不小心滑下去，并防止昆虫从里边爬出来，也能粘住小飞虫。那些滑进捕虫笼中的昆虫，会最终溺死在捕虫笼底部积存的消化液中。这些消化液会把昆虫消化分解，最后吸食干净。

猪笼草适合在温暖潮湿的自然环境中生存，它们通常生长在热带森林的空地或树木底部，少数种类的猪笼草会长在岩石壁上。猪笼草有一百多个品种，常见的有绯红猪笼草和红灯猪笼草等。猪笼草还可以当作观赏性植物种植。

蒲公英是菊花的远亲吗

在植物园的各个不起眼的角落，都可以见到一种杂草——蒲公英。你一定不会想到它会是菊花的远亲。蒲公英是被子植物门双子叶植物纲菊目菊科蒲公英属的多年生草本植物。这种草本植物原产于欧亚大陆，又名尿床草、黄花地丁或者婆婆丁。

蒲公英有粗壮的黑褐色的圆柱状根部。它们叶子呈倒卵状或长圆状披针形，也有倒披针形的，一般有 5 ~ 20 厘米长，叶子的边缘很像锯齿，除此之外，蒲公英还长着空心的、挺直的茎秆，一般有 10 ~ 25 厘米高。蒲公英的花是黄色的，头状花序，花凋谢以后，会在头部长出毛茸茸的绒球状种子。它们像小降落伞一样，随着风飘到很远的地方，然后在不同的地方孕育新的生命。蒲公英的种子很容易成活，所以它们几乎遍布世界各地。它们的花期很长，可以从早春三四月份持续到晚秋九十月份。

蒲公英含有丰富的维生素、微量元素、蛋白质、脂肪和碳水化合物，是药用价值和食用价值兼具的植物。幼嫩的蒲公英叶子，可以用来制作沙拉或者煮着吃。老叶子也可以吃，但是比较苦。蒲公英的花可以用来酿酒，蜜蜂会采集蒲公英的花粉酿蜜。蒲公英的茎秆折断后会流出乳白色的汁液，味道很苦，但是食用后有清热降火的功效。蒲公英的茎叶捣烂后，敷在脓疮上，可以消肿解毒。

◀ 蒲公英

常春藤的名字是怎么来的

在植物园中的某一堵墙上，我们可以看到绿意盎然爬满整墙的常春藤。这是一种常绿的藤本植物，因充满绿意，预示着“春天常驻”，而得名“常春藤”。

常春藤是五加科的一种攀缘生长的植物。我们常常看见它缠绕在树上或者攀爬在建筑物的墙面上。它的生命力非常旺盛，喜欢阴冷的环境。常春藤的外形很漂亮，所以人们将它培育成盆栽植物用于室内装饰，把它放在书房、客厅或者起居室内，能够吸附甲醛、尼古丁和苯等有害气体，起到净化空气的作用。

常春藤的繁殖方式以扦插为主。一年之中，除了严冬与酷夏，只要温度适宜随时都可以扦插。此外，还可以通过分枝、压条等方式进行繁殖。当然，种子繁殖也是常春藤的一种常见繁殖方式。

常春藤有很多种类，是多年生常绿植物。其中较为常见的是英国常春藤，它生长在南美洲和欧洲，叶子形状很像锯，一年中的大多数时间都保持着深绿色。在北美洲、亚洲等地的建筑的阴面，也往往会有常春藤的身影。当秋季到来时，常春藤的绿叶逐渐变黄变红并脱落下来。

常春藤外形优美，具有很高的绿化价值和药用价值。但是它也很危险，它的叶子、种子、果实都具有毒性。如果孩子不小心误食，轻者腹痛、腹泻，严重者甚至会昏迷、呼吸困难。

▼ 爬满墙的常春藤

仙人掌为什么不怕干旱

仙人掌属于可爱的多肉植物，仙人掌，别名火掌，是一种寿命很长的植物。它们一般生长在炎热、干燥的地方。

仙人掌的大小和形状千差万别。有些不到 2.5 厘米高，如小如纽扣的佩奥特掌、矮小的刺梨和刺猬掌；也有大型的柱状圆桶掌、仙人球和巨山影掌。有些柱状仙人掌高 10 多米，约 10 吨重。有的树形仙人掌可以长到 18 米高。

在干旱季节，它基本上“不吃不喝”，处于休眠状态，以降低水分和养料的消耗。大部分仙人掌长有厚实的茎，茎秆上有一层蜡质的外皮，这层外皮能阻止茎储存的水分蒸发出去。仙人掌外皮上有坚硬的长刺，它们其实是仙人掌退化的叶子。仙人掌的花朵大而艳丽，颜色各异，非常漂亮。

雨季一旦到来，它们迅速“苏醒”，大量吸收水分，快速生长并开花结果。

仙人掌原产于美洲，大部分生长在墨西哥和美国西南部的沙漠中。也有一些仙人掌能够生长在寒冷的地方，如阿拉斯加州和南极洲附近。目前已知的仙人掌有 2000 余种，其中墨西哥的种类最多。仙人掌是墨西哥的国花，当地人把它称作“仙桃”。（仙人掌是墨西哥的第一国花，第二国花为大丽花。）

◀ 仙人掌

海藻有叶绿素吗

海藻是对海洋中所有长得像马尾的藻科植物的总称。海藻并不是都生长在水中，有的海藻贴在岩石或码头上生长，有的海藻漂浮在水面上，还有的海藻被海水冲到了海滩上。我们常常见到的海草就是海藻的一种。

世界上目前已知的海藻大约有 7000 种。海藻都属于藻类，藻类是一种很简单的生命形式，它没有真正的根、茎、叶，这点与其他植物不同。而且，海藻是隐花植物，不会开花结果，更不会产生种子。海藻身上有一种叫作固着器的东西，就像植物的根一样，能够使藻类贴在其他物体上，但不能用来吸收养分。固着器上生长着叶状体，叶状体就像是植物的茎和叶，它看起来就像是一条条带子。

海藻有各种不同的颜色，按照颜色可以将海藻分为绿藻、红藻和褐藻。无论海藻是什么颜色的，它们都有叶绿素，这样海藻就可以利用射进水中的阳光和水中溶解的二氧化碳进行光合作

▼ 红藻

用，来产出氧气和营养物质。

海藻是很多生活在海洋中的动物的食物。人类也吃海藻。另外，人类还用海藻来制作唇膏、面膜、肥皂、油漆和胶卷等。

蕨类植物是最古老的植物吗

蕨类植物是目前已知的最古老的植物，大约有 4 亿年的历史，也是最早的陆生植物。现存的蕨类植物约有 1.2 万种，世界上大部分的地方都生长有蕨类植物。

蕨类植物属于孢子植物（利用一种叫孢子的生殖细胞繁殖后代的植物）。它们不开花不结果，但已经有了明显的根、茎和叶，体内有较原始的维管组织（植物茎秆内主要由纤维组成的一类组织）。

小型的蕨类植物只有 2.5 厘米高，而大型的蕨类植物则可高达 30 米。大部分蕨类植物的叶子都比较长，叶子边缘还有齿状的裂口；而有一些蕨类植物的叶子则又小又圆。

蕨类植物主要分布在热带和亚热带地区，它们的繁殖过程离不开水，因此通常都长在溪流两岸、树林以及悬崖石缝等阴暗潮湿的地方。在温暖多雨的地方，它们一般会长在树的枝干之上。

蕨类植物和人类的关系非常密切。人们熟知的很多中药材和食用的野菜都是蕨类植物。同时，它们也能用来做观赏植物或是肥料、燃料等。

爱丽丝是哪些植物的名称

鸢尾属，又名爱丽丝，是鸢尾科的一个大家族。鸢尾属有300多种植物，原产于欧洲，主要分布在北半球的温带地区，像中国、北非、西班牙和葡萄牙等地。其中德国鸢尾、西班牙鸢尾和黄鸢尾最为常见，黄鸢尾是一种被普遍种植的鸢尾属植物。

鸢尾属植物的寿命一般可以长达几年的时间，是多年生草本植物。它的茎一般呈块状，有的则是匍匐爬行的根茎，非常粗壮。它的叶子形状好像剑一样，相嵌相叠排成两列互生。它的花很漂亮，花序底部生着草质或者膜质的苞片，花朵很大，颜色各异，常见的有白色、黄色、紫红色、紫色和蓝紫色。它们中的很多种类已经成为观赏性植物，家庭和园林中都可以看到它们的身影。

鸢尾属植物大多靠种子繁殖来繁衍下一代，同时，它们也可以通过植株来进行繁殖。鸢尾属的种子一般在每年的八月和九月之间成熟，其形状有的呈梨形，有的则呈扁平半圆形或者是不规则的多面体，有的种子身上有附属物，而有的则没有。

除了可供观赏和制造香水，一些种类的鸢尾的根和茎还可以入药，用来做诱吐剂或缓下剂。

第六章

离不开的树与木

一棵树，既可以是一道风景，也可以用来制成桌椅等家具，陪伴我们左右。树木被写进书里，被画在画上，但我们真的了解它们吗？树木的身影多姿多彩，它们的内部构成却十分相似。只要有阳光、水、二氧化碳和其他一些营养元素，一粒小小的种子就可以长成参天大树。树木的生命力是那么顽强，即使在岩石中也可以发芽，即使在荒漠中也可以见到它们的身影。树木与我们的生活息息相关，它们无私地奉献一切，是人类的好朋友。

什么是树木

在大自然中，存在着一个奇妙的树木王国。树木随处可见，我们似乎一眼就能认出它们，但是要具体地说一说，又很难讲清楚树木的结构。

简单地说，树木就是具有木质茎干的植物。这个定义使树木区别于小草这种只有草质茎的植物，也使它区别于蘑菇和木耳等菌类。

树木由树叶、树枝、树干和树根组成。不同树种的叶形、叶

▼ 道旁树

色千变万化，丰富了自然界的美丽景观。连接树叶和树干的是树枝。每棵树木都有许多树枝，它们在阳光和微风中伸展着，为人们撑起一片阴凉。树干经过加工可以制成木材，被人们广为利用。除此之外，树木还有一个部位是平时看不到的，那就是树根——树根总是深埋于地下，默默为全树提供生长原料并使树木站得笔直、稳当。

原来，一棵树竟然有这么多学问在里面！看来，不仅坐在树下乘凉令人心旷神怡，站在树前好好地观察一棵树的构造也是一件很有意思的事。

树木为什么是大自然的“天然蓄水库”

有人做过统计，一公顷林地与裸地相比，至少可以多储水3000立方米。看来，把树木称为大自然的“天然蓄水库”真是再形象不过了！但是，树木是怎么做到这一点的呢？现在，让我们来看个究竟吧！

渴了一整个春天，土壤中的水分蒸发得差不多了，土壤的结构很像一块干海绵，布满了小孔。一下雨，大地就开始大口大口地喝水了——但是只靠土壤的力量，喝再多水也无法保存。想要将水分保存下来，唯有依靠树木的帮忙。降雨时，树木拼命地吸收水分，把水分储存在根部和树干中。等天气干旱时，树木就靠植物特有的蒸腾功能，释放体内的水分。因此，树木就像一个

▲ 天然蓄水库——树木

个小水库，在水多的时候将水存储起来，以防造成洪涝；在水少的时候，便“开闸放水”，降低干燥的程度。一片森林由许许多多的树木组成，因此就是一个“大水库”了。正是因为这一点，树木才有了涵养水土、保存土壤肥力、防止土地沙漠化的能力。

树木有涵养水土的能力，既方便了自己，也造福了人类，的确是个天然蓄水库。多种几棵树，人类就可以节省大量修造水库的物力、财力，这可真是太划算了。

树皮有什么用

树木有绿油油的树叶，英姿飒爽的身姿，这一切都令人赏心悦目。而树木的皮肤既坚硬，又粗糙，还黯淡无光，总之不怎么好看。但是，树皮如果毫无用处的话，树木干吗出力不讨好长一层树皮呢？看来，树皮一定有十分重要的作用！

树皮除了能防寒、防暑、防止病虫为害树木，还可以帮助树木运送养料。树皮中的韧皮部组织里面排列着一条条管道，叶子通过光合作用制造的养料，就是通过这些小管子运送到树木其他部分的。有些树木中间已经空心，却仍然生机勃勃，就是因为树皮能够输送养料，保证树木的生长。俗话说："人怕伤心，树怕剥皮。"如果树皮被破坏，新树皮尚未长出，树根由于得不到养分就会死亡。知道了这些，我们见到有人在树上乱刻乱画，特别是剥树皮时，应该进行劝阻，自己当然就更不应该那样做了。

现在还发现，树皮不仅可以吸附环境中的许多有毒物质，而且是一位优秀的"大气监测员"，我们可以从历年树皮吸附的有毒物质来监测大气污染的情况。从生活应用方面看，树皮也是个"宝"呢。树皮是制作人造板材、木砖、化工品、肥料的原料，白杨的树皮还可加工处理成为饲料喂养牲畜。了解中医的人可能听说过杜仲、肉桂等药名，其实它们就是不同树木的树皮，可以治病。

▲ 被剥了皮的肉桂树

树叶有什么用

一片片树叶，长在树上是一抹绿意，映在地上是一片阴凉。它们从不哗众取宠，而是默默无闻地衬托着鲜花的娇艳。一棵大树上有成千上万片叶子，你知道它们都有哪些用处吗？

▶ 枫叶

首先树叶可以进行光合作用，吸收二氧化碳，制造氧气，并且可以制造树木生长所需要的营养。除此之外，树叶还有净化空气中的灰尘和毒素的作用。树叶长在树上，不停地工作，等飘落到地上，也并非一无是处——树叶腐烂后或燃烧后，埋在地下可以作为各种植物的营养来源，这就是我们常说的“落叶归根”。树叶还是好多动物的食物，动物吃树叶就像我们吃主食，是少不了的。有些树叶还有治病的效果，比如说，柳树叶有清热解毒、祛湿消肿的功效，可以用于治疗感冒和咳嗽。

在四季分明的地区，春夏秋冬，落叶树树叶通常有不同的形态：春天是嫩嫩的小芽，夏天是平展的叶片，秋天是或红或黄的叶色，冬天树梢上则没有了树叶的踪影。因此，人们可以通过树叶的状态来判断现在是什么季节。

树叶竟然有这么多意想不到的用处！看来，小小树叶还真是不简单呀！

树根的作用是什么

树木有一身碧绿的叶子，好多舒展的树枝，还有一根挺拔的树干。大家知不知道，在构成树木的部位中，还有一位神秘“角色”没有登场——那就是树根！你或许要问了，树根大多常年埋在地下，很少露面，这位“幕后工作者”到底有什么用呢？

我们人类之所以可以稳稳当当地站在地上，是由于有一双脚。

树木也一样，只有把根深深地扎进土壤里，才可以抵抗风雨的侵袭，站得直直的。除此之外，树根还有吸收水分和无机盐的作用。通过树根吸收的营养，再加上通过叶片的光合作用形成的营养，它们一起供给树木生长的需要。如此看来，树根对树木的生长的确重要，又当“脚”又当“嘴”，担任着十分重要的角色。其实，即使在人们的生活中，树根也有不可忽略的价值。在中药领域，很多树根都是很好的药材；另外，喜欢根雕的人一定知道，很多奇异的艺术品就是用树根雕成的！

看来，树根真是一位默默无闻的英雄！

▼ 树根

树洞是怎么形成的

童话故事《长驴耳朵的国王》里讲到一个国王长了一对驴耳朵，每个给他理发的人事后都会忍不住告诉别人，结果理发匠因此而被砍头。有一个理发匠把这个秘密藏得好辛苦，终于在快憋不住时，就在山上对着一个大树洞说出了这个秘密。从此只要将这树上的叶子放在嘴边一吹，就会发出“国王有驴耳朵”的声音。

《长驴耳朵的国王》这个童话，给树洞染上了一层神秘的色彩，你知道树洞是怎么形成的吗？树洞形成的原因有很多种，我们现在简单说说几种有代表性的。由于虫蛀或者受到其他损伤，有些树会逐渐长出树洞。有的树洞长成了空心，但树仍活着。

有许多树洞的形成是那些穴居动物的杰作。这些动物会在树木主干的松软处挖出一个树洞，作为自己的隐居之所。以树洞为家的动物有很多，小个头的有松鼠，大个头的有狗熊。当然，它们在选树木的时候，要根据自己的个头好好看看哪棵树合适。还有一些树到年老时，树心会自然死去腐败，无法再生，于是形成了树洞。另外，有些寄生类植物，会缠绕着其他树生长，到了一定时间，会杀死缠绕在它内部的植物。内部的植物一死，成型后的树内部就成了空的，这也会形成树洞。

看来，树洞的形成是有很多原因的。如果有一天你在树干上发现了一个树洞，能仔细观察观察它是怎样形成的吗？

▲ 树洞里的猫头鹰

马路两侧为什么很少见到果树

马路两侧的大树就像两排士兵，整整齐齐地站在那里，给高温的柏油马路搭起一道绿篷、洒下一片清凉。大家有没有留意过，种在马路旁的都是些什么树木呢？其实啊，马路旁的树木可不能胡乱种，这是有讲究的！

爱吃的人可能要说了，在马路旁种上果树最好了！这样，一边走路一边摘果子吃，多棒啊！但是我们很少见到马路旁栽种果树，这说明在马路旁种果树并不合适。比如说吧，你不能在马路旁种满椰子树——椰子熟了的时候，大个大个的椰子从树上掉下来，砸到你的头可怎么办？在城市的道路旁，我们经常见到臭椿、银杏、梧桐等树种。这是因为这些树具有抗烟尘、抗有害气体、适应性强、病虫害少的特点。城市中车来车往，汽车尾气中含有许多有害气体，在路旁种植这些树木，可以净化空气。有人做过统计，一棵树一年可以吸收一辆汽车行驶16千米所排放的污染物。当城市绿化面积达到50%以上时，大气中的污染物就可以得到有效控制。这作用可真了不得。那些果树，比如桃树、苹果树什么的，虽然并不是不能吸收有害气体，但是它们的主要任务还是结果子，在抗污染方面的能力与银杏和梧桐相比，就有点弱了。

你现在懂了吗？道路旁不种果树，可是有原因的！

皂荚树的皂荚有什么用

皂荚树的果实被称为“皂荚”，形状看上去很像豆角。

皂荚树的皂荚中含有皂素、生物碱，是很好的洗涤材料。将皂荚的黑皮去掉，瓤砸碎，用开水冲泡，待产生泡沫后，用来洗衣服，绿色环保，“白衣亮白，彩衣鲜艳”。告诉你一个小秘密，用皂荚水浸泡银饰品，不仅能洗净银饰品，还可使银饰品光洁呢！用它洗头，对防脱发和治疗白发病有很好的效果。用皂荚洗澡，可以缓解皮肤干燥、粗糙的状况，天然不伤肤。除了有洗涤功能外，皂荚果还是医药食品、化妆品、化学制品的天然原料。皂荚种子可消食开胃。皂荚刺，也就是我们平时说的“皂针”，含有丰富

▲ 皂荚刺

的皂荚苷，也有很高的经济价值。

小小的皂荚，在爷爷奶奶们看来，也就是能洗洗衣服、洗洗脸。现在，经过深入的科学研发，竟然有了那么多功用，真是不可思议！

树干的下半部分为什么要涂成白色

冬天，走在大路上，细心的你会发现，许多树木的树干上涂着一层白白的东西，看上去就像是一列列着装统一、排列整齐的哨兵。这难道是谁的“恶作剧”不成？把树干涂成那样干什么？

其实呀，护树工人给树干涂上的那层白白的东西叫“涂白剂”，是由生石灰、油脂、盐、杀菌剂等配成。这项工作叫作“刷白”，高度一般以离地面 1.5 米为佳。一般在入冬前进行刷白，可大大减轻春天病虫危害。除了预防病虫害外，刷白的另一作用是防冻：在冬季，树木向阳面在白天受阳光照射，温度上升，细胞解冻，夜晚温度下降，又重新冻结；这样一冻一化，就会造成树木皮部组织死亡，产生崩裂现象。树木涂白后，就可以大大地减少这一危险。要知道，树皮对树木的生长可是十分重要的，伤了树皮，树就不能好好生长了！

只要在树干上刷上一层涂白剂就可以达到防虫、防冻的双重功效，我们何乐而不为呢？这不是为了“好玩”而是“实用”。看来人们保护树木的方法多着呢！

葡萄酒的“软木塞”通常是由什么树木制成的

成瓶的葡萄酒瓶口处都有一个多孔的木塞子。这种木塞子叫软木塞，是传统的封口物品。一般而言，软木塞品质的好坏会直接影响酒的品质。你知道这么讲究的软木塞是由什么制成的吗？

瓶装葡萄酒对瓶塞有极高的要求，需要木塞本身的质地中有细密的小孔，当塞进瓶口以后，木塞与瓶内的酒接触，就膨胀起来封紧了瓶口，使酒流不出来。但是木塞细密的孔还是可以导入非常微量的空气，使酒质变得更加醇厚。现在使用的软木塞，大

▲ 被剥了树皮的软木橡树

都由葡萄牙软木橡树的树皮制成。选择葡萄牙软木橡树做原料，首先是因为这种橡树的皮很厚；其次，其树干有再生树皮的机能，割下后不会伤害到树木；再次，其树皮组织的物理和化学的特征最适合葡萄酒的保存。其实所有的树皮都有软木，但只有软木橡树的树皮才能制造出最佳品质的瓶塞。你一定要注意，软木是树皮，而不是木材。进口的软木在进行加工，切除硬外皮后，看不出树皮的主要特征，外形会类似一块软质木材。也不知是哪一位老前辈把它叫作软木，现已成为习惯称呼了。

说到这里，你明白了吧，“软木”并不是真的木材，而是葡萄牙软木橡树的树皮！在现实生活中，我们一定要仔细观察周围的事物，可千万不要被它们的外表欺骗了。

▲ 在树枝上睡觉的考拉

为什么说大树是小动物的家园

如果说住宅小区是我们的家园，树木就是小动物的家园。这么说会不会言过其实呢？一点儿也不会。

人类把房屋建在土地上，而有一些小动物则把“屋子”建在大树上。首先，树木是小动物们的“卧室”。乌鸦和喜鹊会用树枝编出小筐似的巢，高高地安放在树梢上，既安全，景观又好，相当于住上了“小高层”。松鼠在树干上挖个洞，开始了自己的“穴居”生活。树懒像个“流浪汉”，浑身脏兮兮的，它没有自己的“房产”，但却一天到晚抱着树干不放松，以致身上都能长苔藓了。

树木还是小动物的“厨房”。一些小动物直接以树叶或树上的果子为食。伯劳倒是不吃树叶，它是肉食性鸟类，食物包括蚂蚱和老鼠等，它会把吃不完的猎物穿在尖刺或小树枝上储存起来，等以后再吃。花豹也喜欢生活在树上，捕食、吃饭都会在树上进行。有时候，捕捉到的食物太大，它会把猎物挂在树上，这样，就可以慢慢地吃，避免被其他的动物抢走了。而且，吃剩的还可以储存起来，等下一餐捕捉不到猎物时再吃。

树木还是小动物锻炼身体和娱乐的地方。小动物们吃、睡、住、玩全在树上，说树木是小动物的家园真是一点儿也不假！

香樟树的香味有什么作用

香樟也就是“芳樟”，这是因为它的根、枝、叶以及木材能散发出一股奇异的香味。你知道香樟树的这种香味有什么作用吗？

香樟有一种特殊的香味，这种香味可以驱虫，保护香樟树健康茁壮地成长，根本不需要园丁给它喷洒农药。香樟树还能吸烟滞尘，可以净化人们的工作和生活环境，因而成为道路和工厂里最常种的树。香樟树的木材因含有特殊的香气和挥发油，以及抗腐、驱虫的特点，是名贵家具、高档建筑、造船和雕刻等理想的材料。樟脑大家一定都不陌生吧？日常生活中常用的樟脑丸就是由香樟树的根、茎、枝、叶经蒸馏等一系列工艺而制成的白色晶体。樟脑白色或透明、有清凉香味，用于防蛀，广泛应用于医药和化

▲ 香樟树叶

学工业。樟脑还是中国传统的出口商品，每年都可为国家带来不小的经济效益。

看来，香樟是一种浑身是宝的树啊！

楝树的花为何散发出苦味

楝树花小小的，很不起眼，而且在开花的过程中一直散发着一种怪怪的苦味。正因为如此，可能有人不大喜欢楝树。但是楝树花散发出苦味，可不是为了招人们嫌弃的，楝树花的苦味可是很有用的哦！

▶ 印度楝树的叶与花

楝树在印度被誉为“神树”，在欧美国家被誉为“健康之树”。人们爱在庭院、工厂、路旁甚至宾馆的室内栽种楝树。随着汽车的普及和工厂的增加，有害气体（特别是二氧化硫）已肆无忌惮地侵入了我们的生活之中。这些有害气体不但侵蚀着我们的身体，也破坏了我们的生活环境。而楝树的苦味对二氧化硫有超强的净化作用。炎夏和寒冬人们都习惯于躲藏在有空调的屋里，却忽略了封闭的环境正是细菌、病毒滋生的乐园。楝树的苦味可以吞噬和杀死多种细菌、病毒，有效地将流感拒于门外，给人们一个健康安逸的生活环境。夏天人们总是受蚊蝇叮咬之苦，你知道吗？蚂蚁、蟑螂、蚊、蝇这些小虫闻到楝树的苦味就不敢靠近了。如果你身上被蚊虫叮咬了，只需摘几片楝树叶揉成汁涂抹于患处，即可止痒、消炎……这一切真是太神奇了！

这就是楝树要发出苦味的原因。看来良药不仅苦口，“良药”还有苦味呢！

猴面包树的枝干为什么那么粗

猴面包树树干呈桶状，直径可达 9 米甚至更粗，被认为是世界上可以长得最粗的树。一棵树长得那么胖，真不好看！猴面包树的树干为什么能长得那么粗呢？

猴面包树生活在非洲的热带草原，那里一年中干旱的时间长达八九个月。它们是为了适应环境才长那么粗的树干的。猴面包树的树干“外强中干”、表硬里软，木质非常疏松，像多孔的海绵，这种木质最利于储水了。猴面包树有独特的“忍痛割爱法”和“吸水大法”：面对旱季，猴面包树会快速地让枝顶的尖叶都脱落，以避免过多的水分蒸发。熬过旱季，雨季来临，猴面包树会想方设法储存水分。它松软的木质，像海绵一样可以大量吸收并储存水分。想一想吧，它粗大的身躯，能储存多少水分啊！当体内的水量充足，猴面包树还会再把叶子长出来，当然长得很节制，只在枝顶长一些暗绿色的叶子。多亏了那个大“啤酒肚”，猴面包树才能存下几吨水，简直可以称为荒原的“储水塔”了。当猴面包树吸饱了水，便会长出叶子，开出大朵大朵的白花。值得一提的是，猴面包树曾为很多热带草原的旅人提供了救命之水，解救因干渴而生命垂危的旅行者，因此又被称为“生命之树”。

看来，胖身材可是猴面包树生存能力强的标志哦！

▲ 猴面包树

橡胶树为什么“爱流泪”

橡胶树在印第安语中的意思是“流泪的树”。我们都知道，割胶工人每次拿着一把弯刀在橡胶树上割出一条倾斜的割线，然后在割线的末端下方放一只小碗，过不了多久小碗就满满的了。有的人就纳闷了，橡胶树长得粗粗大大的，看起来很壮实，却为什么那么“爱流泪”呢？

橡胶树“爱流泪”真的是脆弱的表现吗？如果你这样想，那可就大错特错了！我们都知道，气候是大自然最伟大的“造型师”。橡胶树生活在热带，那里阳光、雨水都十分充沛，因此橡胶树都

▲ “流眼泪”的橡胶树

长有又大又绿的叶片。事实上，不但橡胶树的叶片中含有很多的水分，橡胶树的树皮中也是“水汪汪”的。橡胶树落在碗里的牛奶一样的白色“泪水”就是橡胶树的“树汁”。橡胶树的树皮里富含胶乳，天然橡胶就是由这种胶乳经凝固、干燥制得的。橡胶是工业生产的原料，具有很高的经济价值。这就是马来西亚等热带国家总是大片大片地种植橡胶树的原因。

你们知道了这些知识，再说橡胶树“爱流泪”，它可就不同意了！

臭椿到底臭不臭

臭椿是一种落叶乔木。它原产于中国东北部、中部和中国台湾地区。臭椿的原名是樗，也被称为椿树和木砻树，因为它叶子根部的腺点能发散出臭味而形象地被称为臭椿。

臭椿的生长速度非常快，可以在 25 年内长到 15 米的高度。不过这种树都活得不太久，树龄一般在 50 年左右。臭椿的树冠呈扁球形或伞形。树皮是灰白色或灰黑色的，比较平滑，稍有浅裂纹。臭椿的叶子比较大，通常是羽状复叶，参差错落地排列在叶柄上。臭椿的花期是 4 ～ 5 月，花比较小，每朵花有 5 片花瓣和花萼，花的颜色有黄绿色的，也有略带红色的，呈圆锥形花序状，最长的可以达到 50 厘米。臭椿的花是雌雄异体的，雄花与雌花长在不同的植株上。果期 8 ～ 10 月，果实可以入药，在中药里名叫“凤眼草”。

臭椿喜欢光照充足的环境，不耐阴，适应性比较强，对土壤的要求不太挑剔，耐旱但不耐涝，适宜生长在气候温和的地区。

臭椿的树干高大挺直，树冠从远处看像覆盖着一个半球，秋天的时候满树红果，非常美丽，所以它是一种极常见的观赏树种和庭荫树种。臭椿还可以用来制造一些小工具和作为造纸材料。在中国的传统文化里，臭椿还具有一定的文化意义。

竹子算不算树

全世界大约有 1450 种竹子。竹子喜欢生活在温暖潮湿的地方，低纬度的热带和亚热带季风气候区是它的主要分布区域。

竹子是一种草本植物，最矮小的竹种，秆高仅 10 ～ 15 厘米；最大的竹种，能够长到 40 多米高，主干能够达到 30 厘米粗，因此竹子并不像草，而更像树，也常常被误认为是树，但它其实是一种巨型草类。竹子是一段一段生长的，每段之间连接处突出来的部位叫作竹节。竹子一年四季都是绿的，叶子又细又长，末端尖尖的。

▼ 竹子

对于生活在亚洲的人们来说，竹子有很多非常重要的用途。它的主干很结实，而且生长得很快，可以用来造房子或制造家具、工具、竹篮和鞋子等物品，还可以用来制作各种乐器，比如笛子等。竹子刚从地里发出的幼嫩的芽叫竹笋，可以当作蔬菜来吃。竹笋营养价值高，其中含有丰富的维生素、矿物质和氨基酸。竹叶、竹沥、竹实、竹茹、竹根等都可以入药。竹子也可以作为一些动物的食物。大熊猫最爱吃竹子，但是不同体形的大熊猫爱吃竹子不同的部位，体形比较大的爱吃竹子的根、茎和叶子，而体形比较小的则只吃竹子的叶子。

竹子是重要的森林资源之一，它生长迅速，分布广，用途多，因其独特的生态和经济价值被誉为“绿色的金矿”。

枫叶到秋天为什么会变红

众所周知，加拿大因为境内遍植枫树而被称为“枫叶之国”，其国旗、国徽上都有枫叶的标志，国树就是枫树。北京的香山、南京的栖霞山、苏州的天平山和湖南的岳麓山，是中国著名的四大赏枫胜地，每年秋天，大片大片的枫树叶换上红衣，如火似锦，极为壮美。徜徉在这红色的世界里，使人情不自禁醉倒在大自然的炫丽色彩之中。但是大家想过没有，为什么很多树秋天换上了黄衣服而枫树却换了一身红衣裳呢？

原来啊，树的叶子里除了含有叶绿素外，还含有其他色素，

▲ 变红的枫叶

如花青素、类胡萝卜素等。这些色素在春、夏季小心翼翼地隐藏在叶片内，只是显露不出来而已。到了秋季，光照减少，土壤也变得干燥了。树木禁不住低温的影响，产生叶绿素的能力逐渐降低甚至消失，同时叶绿素被大量分解，输送养料的能力也减弱了。于是叶子里的养料就分解成了葡萄糖，而葡萄糖又有利于花青素的产生，于是花青素就成倍成倍地多了起来。花青素遇到酸性物质会变成红色，而枫树的叶子中有酸性物质，所以枫叶长到秋天就会变红。

如果大家有机会去看红色枫叶的话，可别只顾着欣赏，我们还得想一想，到底是什么造就了这一令人赞叹的奇观呢？

第七章

奇树博览

有一种树木能活几百年，一生都十分平淡，但在死亡的前一天，会开出白色、淡紫色、淡蓝色的花朵。这棵树木看起来就像一座宝塔，然而花期只有一天，之后花朵就凋谢了……这是树在给自己举行葬礼啊！生为一棵树，它们活得笔直、刚正，死后，依然挺立不倒，彰显着一棵树的威严。让我们一起看看世界上那些奇特的树吧！了解这些树木不但可以让我们增添许多知识，甚至还能发人深思、启迪智慧呢！

世界上最古老的树有哪些

一些古老的树已经存活了数千年，简直是人类历史的见证者。塞意阿巴库树生长在伊朗，是一棵 4000 岁的古柏树。这棵古柏在伊朗人的心目中具有很特殊的地位。另一个古树的实例，是长在威尔士的兰格尼维紫杉，有 3600 多岁。紫杉树常见于墓地，因其长寿而著称。但是最令人难忘的一种长寿树种是原产于加利福尼亚州的巨杉。数千岁的巨杉非常常见。为了参加世界博览会，“芝加哥树桩”（一株巨杉）被砍下，通过计算年轮，最终确定为 3200 岁。弗洛雷斯塔树，估计为 3000 岁，是巴西最古老的非针叶树，它被视为圣树，但这种树面临巨大的灭种威胁，一个重要原因就是巴西、哥伦比亚和委内瑞拉等国对雨林乱砍滥伐。中国台湾的阿里山神树可能已经有 3000 岁，然而令人遗憾的是，1997 年的一场大暴风雨使它轰然倒下。这种树生长缓慢，但是非常长寿，它们体量往往很大，树高可达 55 ~ 60 米，直径达 7 米。

世界上有很多长寿的古树，其中最老的一棵当数“玛士撒拉树”（一说为“老吉诃德”云杉），它生长在加利福尼亚 3300 米高的山峰上，据说树龄超过 4800 岁。这棵古树历经了埃及金字塔的修建、古代印第安人的生活和希腊爱琴海火山喷发的年代。“玛士撒拉树”果真无愧于“最古老的树”这一称呼。

世界上最孤单的鹅耳枥是哪一棵

在中国舟山群岛普陀岛的山上，生活着一株普陀鹅耳枥古树，它是普陀山的标志性旅游景点，更是国家重点保护的濒危植物，它是中国乃至世界上唯一一株原生普陀鹅耳枥，已经静静地矗立在那里两百多年了，是现在世界上最孤单的树。

▼ 鹅耳枥

普陀鹅耳枥，是 1930 年 5 月中国著名植物分类学家钟观光教授首次在普陀山发现的，1932 年林学家郑万钧教授正式为它命名。它是雌雄同株的落叶乔木，雄花的花序比雌花的花序要短。它的花期是每年的 4 月份，果实成熟期是每年的 9 月底到 10 月初。这种树木非常耐阴、耐旱、抗风，是中国特有的珍稀植物，为国家一级保护濒危物种。

普陀鹅耳枥在植物学上属于桦木科鹅耳枥属，该属植物全世界有 40 余种，单是我国就有差不多 30 种，分布在华北、西北、华中、华东、西南一带。它们木材坚硬，纹理细密美观，可用来制作家具、小工具等。它们的种子可以榨油，可供食用或者作为工业用油。有些种类还是著名的园林观赏植物。

普陀山这棵鹅耳枥，尽管已经历尽沧桑，却依然枝繁叶茂。经过研究人员的努力，现在已经成功实现对这棵鹅耳枥进行树苗繁育。

世界上最毒的是什么树木

武侠小说里经常出现“五毒散”“鹤顶红”之类的毒药，这些毒药被描绘得剧毒无比，但它们和一种树相较，可就甘拜下风了。这种树叫“见血封喉树”，是不是听起来就很毒？

走在西双版纳的热带雨林里，你必须谨防撞上全世界最毒的植物——见血封喉。见血封喉又叫箭毒木，是自然界中毒性最大

▲ 箭毒木

的乔木，有“林中毒王”之称。这种树的树皮呈灰色，上面有泡沫状的凸起。它的叶子是长椭圆形的，长 9 ~ 19 厘米，宽 4 ~ 6 厘米，叶背和小枝有毛，边缘有锯齿状裂片。见血封喉的乳白色树汁含有剧毒，一接触到人畜伤口，即刻可使中毒者心脏麻痹、血液凝固，以致窒息而亡。唯有“红背竹竿草”能解此毒。西双版纳民间有一个说法，叫作“七上八下九倒地”，意思是说如果谁中了见血封喉的毒，那么往高处只能走七步，往低处只能走八步，但无论如何，走到第九步，都会倒地毙命。过去，箭毒木的汁液常常被用于狩猎。

世界上生长最慢的是什么树木

自然界中树木生长的速度真是千差万别，有的快得惊人，有的慢得出奇，就好比豹子和蜗牛赛跑。在树木王国中，你知道哪种树长得最慢吗?

在非洲的喀拉哈里沙漠中，有一种名叫“尔威兹加”的树木。尔威兹加树是树木家庭中的小矮个儿。好玩的是，虽然个子很矮，尔威兹加树却有个很特别的“发型”。它的树冠是圆形的，从正面看上去，就像是沙地上的一个绿油油的小圆桌。尔威兹加树为什么这么矮呢？是因为它年龄小吗？如果你这样认为，那可就大错特错了，因为一株30厘米高的尔威兹加树可能已经有100岁的高龄了！之所以这么一大把年龄还那么矮，全因为尔威兹加树的生长速度实在是太慢了，要是和毛竹的生长速度相比，尔威兹加树要长333年，才能达到毛竹一天生长的高度。

尔威兹加树为什么生长得如此慢呢？除了它自身的因素，和它所生长的环境也是分不开的。尔威兹加树生活在热带沙漠地区，沙漠中土壤贫瘠，雨水稀少，天气又干旱，风还那么大，这一切都对尔威兹加树的生长造成了很大的影响。本来尔威兹加树就有“矮个儿”基因，再加上营养不好，环境艰苦，自然就长得更慢了。

世界上生长最快的是什么树木

你知道世界上生长最快的是什么树木吗？

人们常用“雨后春笋”来形容事情日新月异的变化，那竹子一定是植物界长得最快的了？竹子的生长速度的确很快，但是它和一种树木相比较，可就是小巫见大巫了。这种树叫速生杨，看到“速生”二字，你也该能想到，它肯定长得不慢。一段速生杨枝条，不足10厘米长，拇指那么粗，一旦插入土壤，一年甚至可长成高约7米、直径达5厘米的茁壮树木。速生杨并非天生就这么能长个儿，它是科研人员利用生物工程研发成功的。这是人工育林史上的一个突破，为以后经济性木材的生产带来了很好的前景。

小贴士

树木的生长基因，是可以进行人工改造的，有了生物工程技术这一把神秘的钥匙，一定能帮人类打开更多自然界的神奇之门。

世界上最高的是什么树木

树木是植物界的大高个儿，那么谁是世界上最高的树呢？这是植物爱好者普遍关心的问题。

树木的品相，虽然受外界环境条件的影响和制约，但最主要的决定因素还是树种的遗传基因。世界上树木品种最丰富的地区，要属亚马孙河流域和东南亚的热带雨林，但那里虽然树种繁多，也有一些高达六七十米的巨树，却不是世界最高的树的故乡。目前，在全球数万种树木中，已记录的超过 100 米的树木有三种，有北美洲的北美红杉、道格拉斯黄杉，还有生长在澳大利亚的杏仁桉。遗憾的是，在近代，这三种“世界最高树”都遭到了人类的大量砍伐，因此失去了许多千年才长成的高大成员，人们只能凭借一些记录资料了解它们昔日的风采了。目前仍健在的一株北美红杉，高约 112 米，生长在加利福尼亚州的红杉国家公园内，受到了特别保护，每年都有几十万游客前来瞻仰它的雄姿。

如果再让这三种巨树进行角逐的话，只有澳大利亚的杏仁桉树才有资格得冠军，可称为“王桉”。杏仁桉树一般高达 100 米，其中有一株，高达 156 米，树干直插云霄，有 50 层楼那么高。在人类已测量过的树木中，它是最高的一株。这种树树干笔直，下部很粗，向上则明显变细，枝叶密集生在树的顶端。叶子生得很奇怪，一般的叶子是表面朝天，而它是侧面朝天，像挂在

▲ 杏仁桉

树枝上一样，表面与阳光的投射方向平行。这种古怪的长相是为了适应气候干燥、阳光强烈的环境，减少阳光直射，防止水分过度蒸发。

“木盐树”是怎么回事

海水里含有很多盐分，所以海边有许多晒盐场，咱们平时吃的盐大多是从晒盐场运来的。那你知道吗？有些树也可以产盐。

在中国很多地区，都生长着一种六七米高的“木盐树”。尤其是在炎夏，这种树会显现自己的特别之处。原来，这种树的树干上也会“冒汗”！等“汗”干了以后，可以见到一层白花花的盐渍，有人就把它刮下来，收集回家当盐用。

树为什么能产盐呢？原来有些地方的地下水含盐量高，而且会有很多盐分残留在土壤表层里，我国南方地区不少土地就是这样。

人体内摄入过多盐分会引发疾病，树木也是这样。于是，生活在盐碱地中的树木为了不被“齁”死，就用“出汗”的方式把体内的多余盐分排出去。

其实不仅是树干，它们的叶片上也密布着专门排放盐水的盐腺，只不过盐水蒸腾后留下的盐结晶，风一吹就掉了，所以不会被人们注意。

木盐树上的盐并不是树木自身产出的，它只是把自己吸收的多余盐分排泄出来而已。

什么是“马褂木”

马褂是中国的传统服饰，因为穿起来宽松舒适，直到现在还有许多人很喜欢穿马褂。那么你听说过穿马褂的树木吗？树木家族里，还真有一位与“马褂”有缘的树呢！

马褂木即鹅掌楸，属于落叶乔木。它叶片的形状很像中国传统服饰中的马褂——叶片的叶尖如马褂的下摆；叶片的两侧像马褂的两腰；叶片的叶基两侧向外突出，如马褂的两只袖子。正因如此，鹅掌楸有了“马褂木”这么个名字。马褂木秋季叶色金黄，像一个个黄马褂，很漂亮。它的花朵硕大而美丽，基部有黄色条

▼ 马褂木

纹，形似郁金香，因此被称为“中国的郁金香树”。马褂木长得快，耐干旱，抗病虫害，是珍贵的行道树和庭园观赏树种。马褂木的树皮可入药，祛水湿风寒。它的木材淡红褐色，纹理直，干燥少开裂，是建筑及制作家具的上好木材。

马褂木是中国二级重点保护野生植物，是十分罕见而古老的树种，对于研究植物谱系、地质和气候的变迁，具有十分重要的意义。看来，马褂木可是“既中看又中用”哦！

有长“翅膀”的树吗

我们都知道，每一只鸟都有一双翅膀，翅膀可以让鸟在天空中自由地飞翔，到达它想去的地方。这个世界上有一种树也是长翅膀的。只是一棵树要翅膀做什么，难道它也要飞不成？

在我国秦岭的山区有一种落叶灌木，其枝条呈绿褐色，硬而直。有趣的是，在树的树干上，像镶嵌一样，从下到上生出 2 ~ 4 条黄褐色的带子，质地是木栓质，又轻又软，仿佛枝干上长了翅膀。这种树叫作“栓翅卫矛”，看起来就像是长翅膀的树。栓翅卫矛属于卫矛科，开出的花骨朵一簇一簇的，像包裹着红豆沙馅的糯米汤圆，漂亮极了。等花开之后，一片火红，更是惹人喜爱。所以，这种树很适合种在花园和道路旁，供人欣赏观看。栓翅卫矛浑身都是宝。栓翅卫矛木材致密，木质为白色并且十分有韧性，可以用来制造弓箭、手杖，甚至还能制成“木钉”来钉其他的木头。

栓翅卫矛树枝上的栓翅是很好的药材，有助于血液流通，具有消肿的作用。

“灯笼树”是怎么回事

古时候，人们把灯笼挂在门前用来照明。一般只有人类才会在晚上挑灯笼，但是有一种树木竟然也挑起灯笼来，这就是灯笼树。

灯笼树是一种杜鹃花科的落叶灌木，生长在我国中部一带，只有 2 ~ 6 米高。每到夏日，它的枝端两侧就会挂上花朵，这些花朵就像红色的小吊钟，所以人们也叫它“吊钟花”。咦？不是

▼ 灯笼树

要说“灯笼树”吗，怎么说起“吊钟花”来了？别急，别急，其实灯笼树就是吊钟花属的一种！灯笼树的果实通常在10月里成熟，椭圆形，棕色。有趣的是，它的果梗向下垂着，而前端弯曲向上，因此结的果实是直立的，就像举着一个个小灯笼，人们根据这一特点，形象地将它称为“灯笼树”。灯笼树不只是花果美丽，叶子入秋后会变为胜似枫叶的红色，与果实相映成趣，十分美丽。所以，灯笼树是非常有趣的园林观赏树木，它开花时美，结果时美，连叶子也不比枫树逊色。

这就是我们“多才多艺”的灯笼树，它可真懂得装饰自己啊！

“龙血树”是如何自我疗伤的

西双版纳是我国重要的热带雨林区，那里植物种类十分丰富，有许多与众不同的树，其中有一种叫龙血树。为什么叫这么个名字呢？难道它遍体通红，像涂了龙血一样？如果你这么想，那可就错了，龙血树并非遍体通红，而是像其他树一样，也是绿油油的。它的名字另有一番来历。

龙血树分为常绿乔木和灌木两种。乔木高可达10米，个头不大，树干却非常粗壮，直径可以达到1米左右。龙血树的叶片又尖又长，很像一把锋利的剑，叶片的边缘常带着两道白条，就像宝剑的剑刃。通常而言，单子叶植物长到一定程度后就不再继续加粗生长了。但是龙血树虽也属于单子叶植物，其树干的薄壁

▲ 龙血树

细胞却能不断分裂，使树干逐年加粗、变硬发生木质化，形成乔木。在我国，龙血树总共有5种，多生长在云南、海南、广西等地。

龙血树可谓树木大家庭里的“外科医生”，而且尤其擅长自救。如果龙血树受到创伤，会自动流出一种紫红色的树脂，裹住创口，以阻止体内水分和营养外流。这和咱们有了外伤后涂上帮助伤口愈合的药物是同一个道理。

另外，龙血树还是长寿的树木，这会不会和它特别会照顾自己，懂得自我疗伤有关呢？

真的有“人参果树”吗

看过《西游记》的人一定有印象，里面提到一种神奇的果树，

▶ 人参果

即人参果树。人参果树是天地的灵根，三千年一开花，三千年一结果，再三千年才成熟。吃一颗果子就能长生不老。孙悟空还因为偷了果子，和树的主人镇元大仙不打不相识，最后结拜成了兄弟。故事里说得神乎其神，但是这个世界上真的有人参果树吗？

其实，是有这种果树的，只不过不像《西游记》中描绘得那么神奇罢了。现实中的人参果树是一种南方果树，结的果实（也就是“人参果”）很普通，是椭圆形的，没有鼻子、眼睛。这种果实说不上好吃，更说不上吃了会长生不老了。有些观赏植物店在橱窗里摆上了绿油油的盆栽，上面挂着小牌子，牌子上写着“人参果树”。凑近一看，上面还真结了一颗颗拳头大小的“有鼻子有眼睛的小娃娃”——难道是哪位科学家培育出了真正的人参果树吗？其实这可不是《西游记》里面那种吃了能长寿的果子，只不过是园艺师玩的一个小花招儿罢了。这是一种小梨树，人们在梨树开始结果时套上模具，使其生长成人形，还挺逼真！

看来，人参果树并不像《西游记》中讲的那么神奇。而那些形象逼真的“人参果树”其实是“整过容”的，可千万别把它们当成真的！

紫薇树“痒痒树”名号的由来

紫薇树是住宅小区、道路花园里常见的树。紫薇树开花时间长，有“盛夏绿遮眼，此花红满堂”的美誉。看上去紫薇树是一种“落落大方”的树，不过，紫薇树有一个特点非常奇怪——当枝干被触碰到，它便会左右摇摆。就因为这样，它又有“惊儿树”“痒痒树”之称。紫薇树为什么那么“怕痒”呢？

你用手轻轻抚摸紫薇树，它就会花枝乱颤地摇动起来，像个怕痒的小姑娘。其实这是紫薇树的激素在搞鬼。每种植物对外力的感受都是通过体内的激素完成的，但是只有植物激素的影响可以达到这种程度吗？日本一位科学家通过实验证明，紫薇树的细胞由一种细小的“肌动蛋白”所支撑，这就是紫薇树“怕痒”的最主要原因。人们一触碰到它，肌动蛋白就会散开，使紫薇树产生抖动的动作。肌动蛋白一般存在于动物的肌肉纤维里，关乎肌肉的伸缩，没想到它也存在于紫薇树体内，这可真是罕见。

第八章

熟悉又陌生的水果世界

苹果、橘子、香蕉、梨等都是我们常见的水果。它们不仅香甜可口，多汁美味，而且富含维生素和各种其他营养成分，已经成为我们生活中常见的食物。除了这些水果，你知道世界上有多少种水果吗？你吃过面包果吗？你能说出哪种水果是蓝色的吗？神秘果神秘在哪儿？菠萝和凤梨是同一种水果吗？

带着这些问题，来吧！走进奇妙的水果世界！

什么是水果

可以吃的含水分较多的植物果实统称为水果。苹果、橘子、香蕉、梨、桃、李、杏、葡萄等都是我们常见的水果。水果多汁而且富含维生素等，是我们日常食物的重要组成部分。

水果一般是由植物的花发育而来的。有些水果是由一朵花的一个成熟的子房发育而成的，这类水果属于单果，比如我们常见的苹果、橘子、梨、樱桃等；有些水果是由有着多个雌蕊的单花发育而成的，属于聚合果，这些雌蕊聚集生于花托上，与花托共同发育成果实，而且每个雌蕊都会发育成一个小果实，这类水果

▼ 各种各样的水果

有黑莓、草莓等；还有些水果属于复果，也叫聚花果，它们是由生长在一个花序上的多个花的成熟子房和其他花器官共同发育形成的，例如菠萝、桑葚等。

水果的食用方式一般是生吃。但水果还有多种食用方式，有些可以入菜，有些可以榨汁，或做成果酱及果干等。

面包果真的像面包吗

面包果是一种典型的热带水果。它原产于马来半岛等地。面包果就像大柚子一样，皮特别的厚，异常坚硬，果实很不容易吃到，但是味道却非常鲜美。那么，这样一种结实的大个子水果为什么被叫作面包果呢？

未成熟的面包果是青绿色的，逐渐成熟变成黄色，当面包果完全成熟时，果皮变成褐色或者黑色的瘤状。将面包果切开后，可以看到乳白色的果肉。面包树是很高产的果树，一棵果树一般可以结200颗果实。当果实成熟后，人们用石头把坚硬的果皮敲开，将白色的果肉放在火上烤熟。白色的果肉在火的熏烤下变成金黄色，尝一口有面包的味道。非常神奇！正是因为面包果的果肉有面包的味道，才被称作这个名字。

面包果含有丰富的淀粉，是许多热带地区居民的主要食物。不仅如此，面包果还有许多其他的用途。面包果的树干可以用来建筑房屋，临海的渔民还将它们做成独木舟，出海捕鱼。在非洲，

▲ 面包果

面包果还有一个名字差不多的“兄弟”——“猴面包果”。它是猴面包树的果实。而猴面包树是非洲最有名的树种，常常被人们称作“生命之树”，《小王子》中也曾有它的身影。

榴莲为什么会这么臭

有一种水果，人们对它的看法形成了两个极端：有人赞美它果肉鲜美，“令人垂涎三尺”；有人却对它避之不及，望而生畏。如此受争议的水果是什么呢？它就是榴莲，让人又爱又恨的一种气味浓烈的水果。你知道榴莲为什么这么臭吗？

▲ 榴莲

榴莲是热带水果，有足球大小，果皮十分坚硬，上面有许多三角形的刺，和菠萝蜜有几分相似。那么，是什么让榴莲闻起来这么臭，让许多人“望而却步”呢？

榴莲俗称麝香猫果，麝香类水果有着一股浓郁的味道，其实那是一种香味。正是因为榴莲香味太浓，反而让人们觉得它味道难闻，奇臭无比。就像七里香一样，香气浓郁，近处闻，十分刺鼻，有股臭味。但是离它很远则可以闻到它淡淡的香味，这也就是它为什么被叫作“七里香”的原因，有点儿香极生臭的意思。

榴莲闻起来很臭，但是它的果肉却是十分香甜。在泰国有一句民谚：“榴莲出，纱笼脱。”意思是姑娘们宁愿卖掉裙子也要饱尝一顿榴莲。由此可见，榴莲的果肉是多么令人痴迷。中国也有一个关于榴莲的故事。传说郑和下西洋的时候，吃到了一种非常大但是不知道是什么的水果。吃过以后，难以忘记，让人流连忘返，所以，他便为水果取名叫“榴莲”，取“流连忘返”之意。

就是这样一种让人爱恨交织的水果，在东南亚地区有着“水果之王”的美称。

佛头果长得像佛头吗

在植物界中，有这样一种水果，长相酷似佛头，它就是——佛头果。

佛头果又被叫作番荔枝，是热带有名的水果。小佛头果长得很像荔枝，又来自“番邦”（中国古代称其他国家），所以叫作“番荔枝”；又由于果实的表面有许多像鳞片一样的果皮，聚合在一起，长相酷似佛头，所以人们也会称它为“佛头果”。

佛头果的花是淡黄色的，果肉乳白色，有少许的白粉。佛头果不像其他的水果那样，果肉可以全部吃掉。它可以吃的部分是

▼ 佛头果

假种皮，呈乳白色，有着非常浓郁的香味，而且非常甜。

小贴士

佛头果一年可以多次开花，果实最大的能长到 750 克，最小的也可以长到 500 克，是水果中的大个头。

柚子皮为什么会这么厚

柚子在柑果类中是个头最大的水果，也是果皮最厚的水果。很多时候，看着大大的柚子，把皮一剥开，里面可以吃的部分就变得非常小了。并且，厚厚的果皮还很难剥开。为什么柚子要长这么厚的果皮呢？

我们在寒冷的冬天，需要穿上厚厚的棉衣来御寒。厚厚的棉衣不仅可以挡住寒冷，还可以防止体温散发出去。柚子大多在 10 月或者 11 月才成熟，那时，天气开始转凉。所以，柚子皮这么厚就像我们冬天要穿棉衣的道理一样，可以保护柚子的果肉不被冻伤。也正因为有厚厚的柚子皮，柚子的果肉得到保护，可以在三个月内不会变质，其中的水分也不易流失，也不受害虫的侵扰。

▲ 柚子

小贴士

柚子也是诗人喜欢歌咏的对象。唐代诗人张彤有两句咏柚的名句："树树笼烟疑带火，山山照日似悬金。"将柚子的颜色描绘得非常美丽，说柚子像金子一样，压弯了树枝。后来，随着人们对柚子的认识逐渐加深，发现柚子还有很多药用价值。例如，柚子皮可以止咳化痰，果肉可以解酒、止咳等。

草莓上的点是种子吗

“大红袍，小麻点，酸酸甜甜惹人爱。”不要小看这种水果哦，很久很久以前，在有些偏远的地方，人们认为它是蛇的唾沫形成的，所以才会红得如此鲜艳，一般人们是不敢乱吃的。如此神秘的水果就是草莓！

草莓原产于美洲，中国现已广泛种植。草莓的花朵是白色的，当花朵凋谢后，一颗颗小草莓点缀在绿色的叶子中，这时的草莓不是红色的，而是青绿色的。如果你仔细观察，便会看到草莓的表面有许多小点点，开始是青白色的，随着果实的成熟变成了深色。这些小点有什么作用呢？

其实，这些小点就是草莓的种子。草莓刚结果时是一个个小瘦果，等它吸收了充足的养分和阳光，慢慢膨胀长大，小瘦果会变红并浑身长满了一个个小点。是不是很神奇呢？

草莓不仅味美，还可以健脾促消化，预防冠心病。在欧洲，草莓还有“水果王后”的美称呢！它含有很多营养物质，例如：蛋白质、钙、维生素等。在我国台湾地区，人们称它为“活的维生素丸”，而德国人又把草莓誉为“神奇之果”。可见，草莓是多么受人喜爱。

▶ 草莓

蓝莓为什么是蓝色的

我们见到的水果大多是红色的、橙色的、黄色的等。但是，蓝莓却别具一格，是蓝色的。这种美丽的蓝色在众多水果中真是“独树一帜”，那么你知道蓝莓为什么是蓝色的吗？

蓝莓的英语单词直译过来就是“蓝色的浆果”。因为蓝莓中含有大量的花青素，所以果实才会呈现出蓝色。美丽的蓝莓不仅颜色独特，它的花朵也异常漂亮。蓝莓花朵的颜色有白色、桃色和红色，有的花朵里还带有淡淡的绿色。蓝莓的花朵不是一瓣一瓣生长的，而是像一个一个的小钟，风一吹，似乎都能听到花朵

▶ 蓝莓

在歌唱呢！蓝莓的果实成熟期间也要变换好几种颜色，刚开始是浅绿色，然后变成红色，最后变成蓝色或深紫色。这都是花青素对阳光的吸收程度不同而导致的。

小贴士

据说在中国长白山有一位神女，她与妖怪打斗后不幸去世了，她的父亲因想念她而哭瞎了双眼。后来他吃了几颗蓝色的水果以后眼睛就复明了，于是他就将这种蓝色水果命名为蓝莓。虽然这只是个传说，但蓝莓有明目的功效却是真的。人们称蓝莓为“美瞳之果”。

▶ 杨桃

杨桃为什么会像五角星

杨桃生长在热带、亚热带，花期非常长，从春末一直开到秋天。它的花非常小，有两种颜色，白色和淡紫色。当盛开的花朵点缀在绿叶丛中时，就像满天的繁星在闪烁。等到花朵凋谢后，长椭圆形的果实像灯笼一样挂在树枝上。果实刚开始时是绿色或黄绿色的，渐渐地成熟为亮黄色，不仔细看真有些像星星一样美丽。

成熟的果实是五棱的形状，似乎看不出像星星。但是，只要换一个角度看它，杨桃就变成了五角星。在文章《画杨桃》中，诚实的小男孩正是从杨桃的侧面看到了杨桃的样子，将它画成了五角星。我们也应该像《画杨桃》中的小男孩一样做一个诚实的孩子。

杨桃除了长得非常美丽外，还有药用价值，在中国许多的药书中都有记载。《本草纲目》中曾有描述：杨桃五月可食，但很酸；十月熟，甜如蜜汁。腌制后的杨桃更是诱人。

石榴为什么会长这么多籽

当农历五月来临时，满树的石榴花红艳艳地藏在树叶中。小喇叭状的花朵，似乎要染红大地，所以农历的五月又被人们俗称为“榴月”。

石榴花长得很奇特，有雌雄之分。雌花和雄花长得基本一样，只是雄花的底部较小，不会结果；而雌花底部鼓鼓的，可以结果。

还有更神奇的，石榴有三种口味：酸、甜、苦。想不到水果还有苦的味道呢！

古人称石榴为："千房同膜，千子如一。"那么，你知道为什么石榴会长这么多的籽吗？这都是雌花的功劳。雌花鼓鼓的底部就像一个孕育宝宝的小暖房，里面有好几个小房间，当石榴花受孕成熟以后，每个房间里就生长出许多的石榴小宝宝。石榴会长这么多的籽都是因为它奇特的花朵构造，这是大自然美丽的杰作啊！

石榴多籽的特征在中国有着多子多福的美好寓意。而石榴红彤彤的花朵象征着红红火火的好日子。在古代还有"拜倒在石榴裙下"的典故，许多文人不惜为它写下浩如烟海的诗篇。白居易曾写道："一丛千朵压阑干，剪碎红绡却作团。"可见，美丽的石榴是多么受人们喜爱。

番茄为什么被称为"狼桃"

我们知道番茄又叫作西红柿、洋柿子，它原产于南美洲地区，以其艳丽的外表、独特的风味和极具营养价值的特点，成为世界上栽培范围最为广泛的一种果蔬，深受世界各地人们的喜爱。

但是，你知道吗？在秘鲁和墨西哥，番茄最初被人们称为"狼桃"。如此可口诱人的番茄为什么叫"狼桃"呢？下面就让我们一起来看一看番茄身上有着怎样的传奇故事吧！

▲ 色彩缤纷的番茄

番茄有着红色的表皮，清爽可口的果肉，现在的人们觉得它特别好吃。但是，最初人们刚看到它时，却是非常害怕的。当时的人们觉得红色的食物是有剧毒的，不仅不敢吃它，甚至连碰都不敢碰。为了不被番茄毒死，人们给它起了一个吓人的名字——“狼桃”。只要人们一看到它，就躲得远远的。那么，这样令人畏惧的水果后来是如何被人们发现是可以吃的呢？

原来，在 17 世纪时，有一位极具冒险精神的法国画家大胆地食用了番茄并且证明了它是无毒的之后，人们才逐渐接受番茄是可以食用的这一事实。常吃番茄对于人们的心脏、血液和消化系统都有很大的益处。番茄也逐渐被人们培育成果蔬并在世界范围内引种传播。

小贴士

红色、橙色、黄色、绿色、紫色、白色、粉红色，甚至带有彩色条纹的番茄都出现在人们的餐桌之上。

柿子晒太阳后为什么会“结霜”

“圆圆红罐罐儿，扣着圆盖盖儿，甜甜的蜜水儿，满满盛一罐儿。”你知道这个谜语的谜底是什么吗？——柿子。每到秋天收获的季节，柿子挂满了枝头，就像树枝在打灯笼似的。

柿子有很强的耐寒力，可以抵挡零下 18 摄氏度的寒冷。柿子的品种也很多，有 1000 多种，几乎可以在水果的世界里排第一位。中国是世界上产柿子最多的国家，有 300 多个品种。

人们在吃柿子时发明了许多妙法。比如，晒柿子饼。人们选择果大、皮薄、核少的橙红的熟柿子去皮，将柿果果顶向上，放在绳子上晾晒。过几天后，你就会发现红红的柿子上结出了一层霜。晒过太阳的柿子怎么会结霜呢？其实，那是柿子经过太阳晒后，糖分溢出来，在其表面凝结成了一层白色的柿霜。经过多次的晾晒、挤压果肉，甜蜜蜜的柿饼就做好了。

人心果长得像人心吗

在《西游记》里，唐僧师徒四人来到了五庄观，镇元大仙吩咐徒弟好好招待他们。在五庄观内有一棵神奇的果树，上面结满了像娃娃一样的人参果，唐僧吓得都不敢吃。当然这是在《西游记》中出现的仙果，在现实生活中，我们是找不到这样的人参果的。然而，却有一种水果叫人心果。那么，人心果长得像人心吗？

人心果是热带植物，原产于美洲中部。20 世纪初从新加坡、印度尼西亚等国家引入中国，主要分布在中国的南方地区，例如

▼ 人心果

云南、广东、广西、福建、海南、台湾等。人心果的果实表皮粗糙，颜色是浅褐色的。不要看人心果其貌不扬，没有靓丽的果皮，但是它却有着独特的外形。人心果有些像桃子，前面尖尖的，但比桃子更圆一些。因为它看起来像人的心脏，所以人们就称它为人心果。其树干里含有白色的树胶，是制作口香糖的绝佳材料。

人们利用人心果树制作器物，有着悠久的历史。1000多年前，人们就用人心果木雕刻成美丽的姑娘形象。在某些玛雅遗址中仍可见到那时人们巧夺天工的精彩作品。

无花果真的不开花吗

我们都知道，大部分水果都是从花朵那里获得生命的，渐渐成长为可口诱人的果实。可是有一种水果叫“无花果”，从它的名字推测我们似乎可以知道这种水果是不开花的。无花果真的不开花吗？它又是如何结出果实的呢？

其实，无花果也会开花，但是它的花非常小。无花果有着大大的叶子，在叶腋处会长出无花果，这个无花果其实是一个囊状总花托，而小小的花朵便躲在总花托里面，人们很难发现。当果实长大一些时，花朵早已经凋谢了。所以，人们一直认为无花果是不会开花的。

那么，无花果是如何结果的呢？这可是一件神奇的事情！无花果的花朵长在果实的内部，而果实的底部有一个小洞，时节一

▲ 无花果

到，雌性榕小蜂会通过一个狭窄的小孔钻进无花果产卵，然后死去。这些卵会在无花果内孵化，其中雄性首先孵化，飞走去寻找有雌性小蜂的无花果钻进去，与之交配，然后死去。接着雌蜂就会携带着受精卵和花粉飞走，进入下一个无花果产卵，开始一轮新循环。无花果就是这样借助榕小蜂完成了授粉的。

看到这儿，你们一定被吓到了吧……难道我们吃的无花果里还有榕小蜂的“尸体”？

别多想，死去的榕小蜂会被无花果分解，成为可被植物吸收的蛋白质，所以无花果含有丰富的蛋白质。

无花果的果实装满了乳汁，在维吾尔语里，它被称作“安居尔”，意思是“树上结的糖包子”。无花果还有许多有意思的别名。

小贴士

不要小看无花果，它可是许多人钟爱的宝贝。人们总会想出很多办法充分地利用无花果，既让它吃起来美味，又要保留全部的营养。药膳中有糖渍无花果、无花果粥、无花果炖梨等，具有健胃清肠、消肿解毒的功效。

神秘果神秘在哪儿

神秘果是什么呢？它是非洲热带雨林中一种椭圆形的红色果实，长约 2 厘米，表面上看并无特别之处。但它既然叫作神秘果，肯定有其神秘之处，那么它神秘在哪里呢？

你可能不相信，但事实真的是这样：如果你先吃一点点的神秘果，其后大约 4 小时之内，你就会惊诧地发现，无论你再吃任何酸的、苦的、辣的东西，你只能感觉到甜味！你如果害怕吃苦药，那么吃点神秘果，然后服药，就不会感觉苦啦！因为这个神奇的特性，神秘果还被称为梦幻果、奇迹果、“果园里的魔术师”等。

其实，神秘果中含有一种能改变食物味道的糖蛋白。这种糖蛋白本身并不甜，可是，它的溶液却能干扰人们舌头上的味蕾。我们的舌头上有多种味蕾，能分别感觉酸、甜、苦、咸等味道。

但神秘果中的神奇的糖蛋白可以麻痹和抑制酸、苦等味蕾的感受器，并使识别甜味的味蕾感受器兴奋起来。所以，当我们吃过神秘果后就只能感受到甜味了。

神秘果原产自西非的加纳和非洲中西部的刚果一带，20 世纪 60 年代传入中国。

小贴士

20 世纪 60 年代的时候，周恩来总理到西非访问，神秘果被加纳选作国礼送给了周总理。

菠萝和凤梨是同一种水果吗

《西游记》中的真假美猴王，难倒了观音菩萨等众多神仙。最后不得不到如来佛祖那里，才辨别了真假。然而，在生活中也有两种水果让人们分不清楚，它们就是菠萝和凤梨。很多人都认为菠萝和凤梨是同一种水果，事实是不是这样的呢？

在众多水果中，菠萝是长得很独特的一种水果。黄色的、像鳞片一样的外皮，还顶着一头扎手的绿冠，像武装防卫的刺猬一样。将外皮去掉后，露出了许多像疙瘩一样的黑点。这些黑点有

▶ 菠萝

个好听而又奇特的名字——“花器”，又被称作“果眼”或者“菠萝钉”。菠萝和香蕉、荔枝、芒果一起被称为海南“四大名果”。

那么，凤梨又是一种什么样的水果呢？

有人说凤梨是菠萝的表亲，外皮比菠萝绿一些，叶子上没有齿。事实真的是这样的吗？其实菠萝和凤梨是一种水果的两种不同的名字。菠萝属于凤梨科，别名叫凤梨，就像西红柿又被人们称作番茄一样。

小贴士

关于菠萝还有很多有趣的事情。我们在吃菠萝之前一定要将菠萝放在盐水里泡一泡，这是为了去掉菠萝里含有的菠萝蛋白酶，这种物质会引起过敏。在香港、澳门的俗语里，菠萝又被戏称为“手榴弹”，是不是很有趣呢？

为什么说吃杏能伤人

俗话说：桃养人，杏伤人。美味的杏子为什么会伤人呢？让我们一起来一探究竟吧！

杏树是中国北方重要的果树之一，杏果皮颜色美丽，橘黄色中带点红色，上面还有一层细细的绒毛，味道酸甜可口，肉质细腻，多汁。杏又被称作“甜梅”，金色的杏子被称作“金杏”或者“梅杏”。

杏含有人体所必需的多种维生素和无机盐。尽管杏非常美味，样子可爱，却不能多吃。因为，杏子中的酸对牙齿不好，多吃容易倒牙。同时，这种酸对人体的骨骼也有很大的影响，会影响钙

▼ 杏

质的吸收。除此之外，一次吃太多的杏，还会导致人上火发炎，甚至会流鼻血，口腔溃疡，拉肚子。所以说“杏伤人”，不能随便多吃。但是杏子也有它的优点，比如：杏可以生津止渴、清热解毒，还可以润肠通便。

小贴士

杏仁是深受人们喜爱的食品，并且有很高的药用价值，要注意的是，杏仁也不可大量食用。苦杏仁含有毒物质氢氰酸，吃得太多会导致中毒。

梅子为什么这么酸

梅子和观赏性的梅花并不是同一个品种，它是果梅树结的果子。果梅又被叫作青梅、酸梅等。梅子果皮非常的薄，富有光泽，有青色、红色，还有的青色里带点儿黄色，果皮上常常会有一层像霜一样的物质。梅子吃起来酸酸的，非常脆。

梅子之所以这么酸，是因为它含有很多种有机酸。没有成熟的青梅，含有苦味的有机酸，吃起来还很苦涩。随着果实的成熟，部分有机酸被分解，还有的转变为糖，便有了一点甜味。尽管如此，

◀ 青梅

梅子吃起来还是比一般的水果要酸很多。

果梅树是中国的特产。利用梅子的酸味还可以制作很多的食品，如话梅。还有一个关于梅子的成语——望梅止渴，讲的就是，看见梅子，想一想它的酸味，感觉口水都要流出来了。可想而知，梅子是有多么酸了。

醋栗有醋味吗

醋栗，一听名字就让人有种特别酸的感觉，有些“望梅止渴”的味道，似乎嘴角都不自觉地流口水了。醋栗真的会有醋味吗？是不是很酸呢？让我们一起来认识这个让人感觉很酸的水果吧！

这还要从醋栗所含的物质说起。醋栗含有特别多的苹果酸、枸橼（jǔ yuán）酸、酒石酸，这些有机酸让醋栗的酸味更加浓烈，一口咬下去就像喝了一口醋一样，酸得人牙都有些软软的。所以，

▶ 黑醋栗

人们就把它叫作“醋栗”。其实，醋栗是没有醋味的，只是因为它酸得太浓郁了，才会让人感觉有醋的味道。

醋栗在中国的黑龙江省牡丹江地区有大面积的栽培，它们十分怕冷，需要在寒冷的冬天给它们盖上一层厚厚的土才能平安过冬。醋栗有一个品种叫“坠玉”，原产自中国，果实快成熟时是黄绿色的，完全成熟时是紫红色的，晶莹透亮，圆润亮丽，像玉一样。美丽的果实挂在树枝上煞是可爱，所以便得到“坠玉”这一美称，就像挂在树上的美玉。

小贴士

在水果世界里，醋栗中维生素 C 的含量比较高，快要追上猕猴桃了。同时它含有铁、锡、钾、磷、锌等矿物质，能够降低血压，还能增强人体免疫力呢！

“维生素丸”是哪种水果

一提起富含维生素的水果，我们最先想到的就是柠檬、橘子等柑果类的水果。但是有一种水果，它有着光滑的青绿色的果皮，白色的果肉，外形有些像苹果，但要尖一些。味道更是独特，有些像苹果，有些像梨，还有些像红枣，被称作“维生素丸”。这种水果就是青枣。

青枣是一种热带、亚热带水果。在中国的台湾、浙江等地都有种植。青绿色的果皮，有些像青苹果，所以又被称作“热带小苹果”。青枣的品种非常多，像台湾的“五千”，果实大，果汁丰富，果肉脆甜，一株树苗可以卖到5000台币，因此被叫作“五千”。还有一个品种叫“肉龙”，个头比较大，橄榄形，果肉含量非常高，味道异常香浓。

古人经常讲“日食三枣，长生不老”，正是因为青枣含有多种营养物质，如大量的维生素C、钙、磷、胡萝卜素等。成熟的果实生吃，香甜可口，可以帮助我们更好地消化食物。同时，青枣含有的大量糖类物质可以增强我们的免疫力，还可以使人肌肉更加发达，保护肝脏，并能安抚我们烦躁的心情。

第九章

庞大的蔬菜家族

厨房里有各种各样、五颜六色的蔬菜，虽然是我们常见、常吃的，还是有很多我们叫不上它们的名字。蔬菜还有“近亲”——野菜，它们是大自然的馈赠。食用蔬菜对于人们的身体有很大的好处，而除了食用价值，蔬菜还有着不为人知的科学价值。让我们一起了解一下我们生活中有趣的蔬菜吧！

蔬菜是什么

在陕西西安半坡遗址的发掘过程中，考古工作者们发现了一个装有白菜籽的陶罐，据考证，这些白菜籽距今已经有六七千年的历史了。在中国数千年的历史长河里，各个种类的蔬菜也占有着无可替代的一席之地，那么蔬菜到底是什么呢？

一般说来，蔬菜是指我们生活中可以进行加工成为餐桌上菜肴的草本类植物，蔬菜学家通常把小麦、水稻等粮食作物排除于蔬菜之外。蔬菜在厨房里很常见，是我们每天补充各种营养物质的必需品，它们经过烹饪成为一道道美味的菜肴。

▶ 蔬菜

中国普遍栽培的蔬菜共有二十多个科，我们身边比较常见的主要集中在八大科里，包括十字花科的萝卜、白菜和甘蓝等，伞形科的胡萝卜和芹菜等，茄科的茄子、番茄和辣椒等，葫芦科的黄瓜、西葫芦和苦瓜等，豆科的蚕豆和扁豆等，百合科的洋葱、韭菜和金针菜等，菊科的茼蒿和莴笋等，以及藜科的菠菜和甜菜等。

根据国际粮农组织曾经做过的一项调查，人体新陈代谢所必需的维生素 C 的 90%和维生素 A 的 60%均来自蔬菜。很难想象，如果地球上没有了蔬菜，我们的生活该是怎样的黯然失色。人们的日常生活已经离不开蔬菜了。

蔬菜有“同伴”吗

世界上每一种生物都与周边其他生物有着千丝万缕的联系，蔬菜也不例外，让我们一起来认识一下蔬菜的近亲——野菜。

蔬菜是人们对野菜长期驯化、杂交、优选的结果，有很多蔬菜来源于野菜。有些野菜是蔬菜的原生种，如野韭是韭菜的原生种，有些野菜适应环境及人们需求被保留下来，如鱼腥草、马齿苋等；有些野菜没有被人类驯化，如榛蘑；还有些则具有一定的药理作用，不宜长期大量食用，如蒲公英、益母草等。

野菜是人们在食物短缺时食用或调剂口味的野生植物，在自然环境里往往具有产量低、季节性强、口感不佳、难采收等特点，所以野菜没有像蔬菜那样经常出现在餐桌上。不过随着时代的发展、技术的进步，营养丰富的野菜逐渐走进了寻常百姓家。野菜不仅能够丰富餐桌，一些野菜还有防病治病的功效。适应性强的马齿苋、味道稍微有些苦的蒲公英和苦菜等都具有解毒的作用。除此之外，因为独特的抗氧化成分和丰富的营养，有些野菜还被用于化妆品中。

小贴士

在日常生活中，少量食用野菜有益身体健康。

观赏蔬菜只能用于观赏吗

观赏蔬菜是一种既可供人们观赏，又具有较高营养价值而可供食用的蔬菜类型。它们既可以盆栽，也可以种植在庭院中，既饱眼福，又饱口福，在当今越来越受到人们的欢迎。

观赏蔬菜种类较多，有一定观赏价值的蔬菜都应属于这一类，所以它的来源十分广泛。有的是从普通蔬菜中选育出的特殊品种，如从普遍为绿色的甘蓝中选出色彩艳丽的红甘蓝、彩色甘蓝，从普遍为白色的花椰菜中选出绿色或是红色的品种。有的是新育出的品种，如近年育出的珍珠番茄、多彩番茄等。有的是由花卉转入观赏蔬菜，如中国自古以来食用的菊花。还有的则是由野生或珍稀蔬菜转入观赏蔬菜，具有特殊香气的百里香、艳丽无比的红牛皮菜等。还有一种是经过特殊的工艺或者包装形成的新型观赏蔬菜，如幼时被人套上模具长成的带有特色图案的葫芦。

观赏蔬菜普遍具有色泽鲜艳、观赏价值高、营养丰富、风味独特的特点，逐渐成为观光农业中的主角。再加上不逊于普通蔬菜的食用价值，使得它们的经济价值分外出众。

▼ 百里香

刀豆像刀一样吗

刀豆的豆荚形状像刀，所以取名刀豆。

刀豆是一年生缠绕性的草本植物，它需要在一年内完成它全部的使命——发芽、开花、结果直至死亡，它长长的藤蔓弯弯曲曲缠绕在周边的物体上。刀豆一般在 4 月份的时候播下种子，在七八月份开出紫色的像飞蛾般的小花，10 月份左右结出 30 多厘米长、形状有点像刀子的豆荚，这时候的豆荚便是可食用的蔬菜部分。过了这个时期，刀豆继续生长，豆荚变老，豆荚中的豆子成熟。豆子既可食用，也是它们繁衍后代的媒介，即它们的种子。

刀豆喜欢温暖，讨厌寒冷，在排水良好且疏松的沙壤土中可以生长得很好。刀豆在热带、亚热带及非洲等地广泛分布，在中国长江以南各省区也有栽培。刀豆的品种很多，最常见的是蔓生刀豆和 1500 年前在中国已有栽培的矮生刀豆，此外还有海刀豆、豆荚长达 30 厘米的尖萼刀豆、狭刀豆和小刀豆等。

食用刀豆有益身体健康，它不仅具有抗癌的作用，对人体也有很好的镇静作用。此外，刀豆所含有的特殊成分还具有提高人的抗病能力的功效。

辣椒有不辣的吗

提到辣椒，人们首先想到的就是它的辛辣，很多人因为无法忍受它的味道而无法享受它带来的益处，那么有没有一种辣椒没有辛辣的味道呢？这个答案是肯定的。

辣椒的一个变种——甜椒，就是没有辣味的辣椒。甜椒又称为灯笼椒，因为它们长得像一个个小灯笼，而且颜色各异，有紫色、白色、黄色、橙色、红色、绿色等多种颜色。甜椒的植株高约 1 米，绿色的叶片为卵形，叶长 10 厘米左右，开出的花为白色。结出的果实——甜椒，长 10 厘米左右，周边有不规则的凹凸，中间有乳状突出，幼时为绿色，成熟后为红色、黄色等，宛如一个

▲ 甜椒

个点着蜡烛的明亮的小灯笼。美丽身姿使得它不仅可供食用，还可以供观赏，观赏期达半年之久。

辣椒原产于中美洲一带，1493 年西班牙人把辣椒带入欧洲，此后在欧洲广泛栽培，后来又传入非洲和亚洲。在欧洲，人们通常会用甜椒做沙拉，在中国一般会炒食。

与普通红辣椒不同的是，甜椒主要作蔬菜而不是调味料，相同的是它们都含有丰富的维生素 C。不仅如此，甜椒还含有微量元素和维生素 K，对牙龈出血、坏血病、贫血等都有辅助治疗作用。

樱桃萝卜是樱桃味的萝卜吗

樱桃萝卜是一种个头比较小的萝卜，并不是因为味道像樱桃，而是因为外形与樱桃相似，才取名为樱桃萝卜。

萝卜起源于欧洲、亚洲的温暖海岸，早在 4500 年前的古埃及就已经有食用萝卜的记载，可以判定萝卜是世界上最古老的栽培作物之一。中国则在约 2200 年前就有了关于萝卜的文字记载。目前，中国种植的樱桃萝卜大多从日本、德国等地引进，这其中最著名的要数扬州的水萝卜。樱桃萝卜主根深入土下 60 ~ 150 厘米，主要根群分布在 20 ~ 45 厘米的土层中，这便是长出果实的地方。樱桃萝卜有球形、扁圆形、卵圆形、圆锥形等，直径为 2 ~ 3 厘米，果实皮色有全红、白和上红下白三种，而肉色多

▲ 樱桃萝卜

为白色。在温和的气候条件下，樱桃萝卜 30 ～ 40 天即可生长发育成熟，我们一年四季都可以看到它的身影，品尝它带来的美味。

樱桃萝卜具有品质细嫩，生长迅速，外形、色泽美观等诸多优点。它比较适合生吃，能达到解油腻的效果。值得一提的是，樱桃萝卜的叶子也可以食用。樱桃萝卜比起我们熟悉的萝卜品种少了股辛辣味，比起番茄拥有更高含量的维生素 C，含有的水分较高，使得它更像是一种水果。

黄瓜为什么不黄

黄瓜原本并不叫黄瓜，在西汉时期，因是由张骞从“胡地”——西域带回中原的，所以叫胡瓜。后赵皇帝石勒忌讳“胡”字，所

▲ 黄瓜

以汉臣樊坦将其改名为“黄瓜”，并沿用至今。这里“黄”并不是指瓜的颜色。

黄瓜是一年生的蔓生或攀缘草本植物，有的蔓伸展在地上，有的沿攀缘物不断向上，在世界各地广泛分布。黄瓜茎上披覆绒毛，叶片呈宽卵状心形，夏季会开出嫩黄娇羞的花朵，结出的果实呈长圆形或圆柱形，颜色多是油绿或翠绿色，白色狭卵形的种子长在果实“肚子”里。

黄瓜喜欢温暖，害怕寒冷；喜欢湿润，害怕干旱；喜欢阳光，又耐得住阴天。生长适宜温度为15 ~ 32摄氏度，喜欢在土层深厚、排水性良好的土壤中生长。现在，我们不仅可以在夏天吃到鲜嫩可口的黄瓜，在冬天也一样可以。温室大棚的出现，让黄瓜可以在一年四季生长。

食用黄瓜的方法有很多，可以生吃、凉拌、炒食、腌制等。黄瓜不仅可以生津止渴、解毒消肿，还具有很好的美容功效。

冬瓜是冬天结的瓜吗

冬瓜成熟的时候，果实表面有一层白粉状的东西，就好像是冬天结的白霜，因此被人们称为冬瓜。冬瓜多在夏季成熟，而不是冬季。

冬瓜因为果实的形状像枕头，所以又叫枕瓜。冬瓜是一年生的草本植物，茎上长有卷须，也能够像其他瓜类一样枝蔓横生，但是冬瓜个头较大,所以不能像体态轻盈的瓜类一样“飞檐走壁”，只能在地面“匍匐前进”。其叶片呈近似圆形的肾状，开黄色的花朵，结出的果实多呈长圆柱形或近似球形，长 25 ~ 60 厘米，而果皮多为墨绿色，质地坚硬，果肉紧密。种子呈扁卵的形状，有的白，有的黄，安然躺在冬瓜腹中等待下一轮生命的召唤。

冬瓜原产于中国南部及印度，具有喜温耐热的生长习性。冬瓜一般在 1 ~ 2 月播种，适宜种在排水方便、土层深厚、肥沃的土壤中，在漫长炎热的夏季生长成熟。

冬瓜不仅可以炒食、煮汤，还可以作火锅的涮料。体形肥大的冬瓜中含有的氨基酸、油酸、膳食纤维等营养物质，能够帮助人体排出毒素、健脾益肠、减肥美容。

木耳菜就是木耳吗

木耳菜浑身碧绿，因咀嚼时如吃木耳一般清脆爽口，所以叫木耳菜，和黑漆漆的菌类——木耳并不是同一种蔬菜。

木耳菜又称藤菜、落葵、紫角叶，在海拔 1350 ~ 3400 米的林下、山坡或路旁草丛中都有它的身影。它是多年生蔓生草本植物，高 1.5 ~ 2 米，基部为木质，绿色或稍带紫红色的茎部可长达数米，叶片类似圆形，九十月份会开出橙黄色的小花，结出球形多汁的红色或黑色果实。

木耳菜喜欢温暖湿润的环境，害怕寒冷干燥，生长适宜温度为 20 ~ 35 摄氏度，低于 20 摄氏度木耳菜生长会变得缓慢，但是在 35 摄氏度以上的高温时只要土壤湿润、肥料充足，木耳菜仍然可以生长得很好。木耳菜的耐高温耐湿性很强。目前木耳菜在中国的四川、云南、西藏等地广泛种植，而生存在中国南方的是木耳菜的野生品种。

木耳菜质地柔嫩软滑，可作汤菜、烫食、凉拌等，不仅吃起来美味，而且营养元素十分丰富。木耳菜热量低、脂肪少，经常食用有降血压、益肝利尿、清热凉血等功效，特别适合老年人食用。

▲ 木耳菜

长寿菜吃了可以长寿吗

长寿菜又叫马齿苋、马苋菜，在民间俗称为马齿菜，在上海又被称为“保健菜”。它因其旺盛的生命力而得名，多吃长寿菜有益身体健康。

马齿苋为一年生肉质草本植物，茎或平平生长或侧斜卧倒，分生出很多圆柱形的枝，长 10 ～ 15 厘米，颜色多为淡绿色或稍带暗红色。叶片肥厚呈头盔的形状，长约 1 ～ 3 厘米，叶脉微微隆起，叶柄粗且短。五六月开出黄色倒卵形的小花，多 3 ～ 5 朵簇生在一起。八九月成熟的果实为卵球形，长约 5 毫米，种子为黑褐色的扁球形。

马齿苋生长适应性极强，不仅耐炎热、耐干旱，而且对光照的要求也不高，强光、弱光下均能正常生长，它常生于园地或荒地中。马齿苋自身能储存水分，有着与杂草一样旺盛的生命力，在任何土壤中都能够生长，不过在温暖、湿润、肥沃的壤土或沙壤土中生长最佳。它原产于印度，经过几个世纪的传播到达世界各地，欧洲、南美洲和中东地区都有其野生品种，在美国、法国、荷兰等地早已经有了可以栽培的品种。

马齿苋口感爽滑，可以用来煮粥、炒食、凉拌、蒸食等，经常食用能够利水消肿、降低血压、消除尘毒，其含有的丰富的维生素 A 不仅能够治疗夜盲症，还能够平滑肌肤、美容养颜。

荷兰豆来自荷兰吗

荷兰豆是由原产于地中海沿岸和亚洲西部的普通豌豆经过演化变种而来的，之所以被称作荷兰豆，是因为它是 17 世纪由荷兰人带到世界各地的，后来便一直沿用这个叫法没有更改。

荷兰豆是一年生的缠绕草本植物，高 90 ～ 180 厘米，根系发达，近似四方形的茎部中间是空的，互生的叶子分成两排。花期开出漂亮的蝴蝶形的小花，有白色、紫色等。结出的荚果呈现月牙的形状，这时候新鲜柔嫩的豆荚便是人们喜爱食用的部分。植株继续生长，豆荚果皮变干，藏在里面的绿色种子也成熟了。

荷兰豆属于比较耐寒的作物，生性喜欢冷凉湿润的气候环境，生长最适宜温度为 15 摄氏度左右，最低可忍耐 1 摄氏度的低温，气温高于 25 摄氏度豆荚质量会变差。荷兰豆喜欢光照，喜欢较高的湿度，对生长的土壤条件要求不高，但是土质疏松、有机质丰富的中性土壤有益于它的生长。现在在欧美各国栽培较为普遍，中国则以南方种植较广。

荷兰豆豆荚质脆纤维少，吃起来清香味美，主要用于炒食或者煮汤，有的品种还可以生吃或者凉拌，而且还能够腌渍、加工成罐头等。重要的是，荷兰豆营养极为丰富，经常食用对维持人体健康能起到重要的作用。

小贴士

其实荷兰豆在荷兰被称作中国豆。

为什么有的蔬菜有皮

生活中很多蔬菜如黄瓜、茄子、冬瓜、番茄等，果实外面都有一层类似保护膜的皮，为什么蔬菜会长这层皮？这层皮又有什么作用呢？

蔬菜在结出可食用的部位时，其所处的外界环境条件具有不稳定性，产品器官的安全得不到保证。为了使产品器官更加健康地成长，“聪明”的蔬菜们想到了一个办法——那就是给它们的产品包上一层“保护膜”，就这样，蔬菜的皮就出现了。

蔬菜皮在外面遮风挡雨、耐热忍寒，在无数个日日夜夜担当起重任，保护产品器官的安全。在强烈的日照下，它是一把遮阳伞；在干涸的泥土里，它是一个保湿器；在蠢蠢欲动的虫子面前，它又是一具坚实的盔甲。始终挡在最前面的它接受了无数的挑战，也许正是因为如此，一些蔬菜皮中含有比肉质更多的营养。

例如黄瓜皮含有更多的维生素和矿物质，排毒功能强大，冬瓜皮能够利水消肿，番茄皮中富含的番茄红素抗氧化能力最厉害，茄子皮能够保护心血管，如果削去皮，茄子中含有的铁会被氧化，影响人体对铁的吸收。

蔬菜还能发电吗

作为人类食物的蔬菜有可能发电吗？这个答案是肯定的。

蔬菜本身含有丰富的可以自由流动的水分，这些特定的水被定义为自由水。因此徜徉在自由水中的矿物质也能够自由移动，它们之中有一部分金属矿物质呈现离子状态，在正、负不同性质的电极的吸引下会发生定向移动，就是这样使蔬菜中产生了电流。

在我们身边利用蔬菜发电的机会很多，可以制作用蔬菜发电

▲ 蔬菜发电

的时钟、小电扇、小灯泡等小型电器。下面我们一起做一个用蔬菜发电点亮的小灯泡吧！首先要找到两个电极——镀锌的螺钉代表锌电极和五角硬币代表铜电极，把两个电极的一头插入土豆中，另一头连上导线，再将导线接上灯泡形成回路就可以了，小灯泡经过电力的缓冲不一会儿就会亮了。

蔬菜发电是绿色能源，但是蔬菜发的电极其微弱，只能用在一些小器物上，而且不能广泛利用，仍有待开发。

葫芦里面到底有没有药

“葫芦里卖的是什么药”这句话我们耳熟能详，那么真实的葫芦里有没有药呢？葫芦是一种一年生攀缘草本植物，它的果实也被称为葫芦。葫芦的果实在未成熟时可作为蔬菜来食用，成熟后可加工为容器、乐器或装饰品等。在中医中葫芦的确具有一定的药用价值。

葫芦有很多不同的形状和颜色。葫芦的藤蔓通常可以长到大约 15 米长，藤上覆盖有软毛，叶子一般是椭圆形或者心形的，带有浅浅的裂纹，花朵通常是黄色的。果实大小和形状也有差别，有的葫芦果实仅有 10 厘米，而也有可以长到 1 米长的葫芦果实，最重的可以达到 1 千克。新鲜的葫芦皮是嫩绿色的，果肉和种子则是白色的。葫芦喜欢温暖、避风的环境，种植时需要大片的地方。

葫芦作为人类最早种植的植物之一，其原产地至今仍存有争议，目前学界推测它来源于非洲。而在泰国、秘鲁和墨西哥也都出土了数千年前的葫芦。中国的一些考古遗址中也出土了七八千年前的葫芦皮和葫芦籽。

植物大观

策　　划｜高　欣　　　品牌运营｜孙　莉
销售总监｜彭美娜　　　执行编辑｜陈　静
营销编辑｜王晓琦　张　颖　　　技术编辑｜李　雁
装帧设计｜高高国际

微信公号｜高高国际